U0298053

教育部人文社会科学重点研究基地重大项目（10JJD790028）
国家自然科学基金青年项目（71103214）
重庆工商大学长江上游经济研究中心招标项目（CJSYI—201406）

"十二五"国家重点图书出版规划项目

长江上游地区经济丛书

长江上游地区工业环境绩效评价及优化

杨文举　龙睿赟　陈婷婷／著

科学出版社

北　京

图书在版编目 (CIP) 数据

长江上游地区工业环境绩效评价及优化/杨文举，龙睿赟，陈婷
婷著 . —北京：科学出版社，2016.2
　（长江上游地区经济丛书）
　ISBN 978-7-03-047243-4

　Ⅰ. ①长⋯　Ⅱ. ①杨⋯ ②龙⋯ ③陈⋯　Ⅲ. ①长江流域-上
游-工厂环境保护-研究　Ⅳ. ①X322.25

中国版本图书馆 CIP 数据核字（2016）第 021929 号

丛书策划：胡升华　侯俊琳

责任编辑：杨婵娟　张翠霞/ 责任校对：何艳萍

责任印制：徐晓晨/ 封面设计：铭轩堂

编辑部电话：010-64035853

E-mail：houjunlin@mail.sciencep.com

科 学 出 版 社 出版

北京东黄城根北街 16 号
邮政编码：100717
http://www.sciencep.com

北京京华虎彩印刷有限公司印刷
科学出版社发行　各地新华书店经销

*

2016 年 2 月第 一 版　开本：B5（720×1000）
2016 年 2 月第一次印刷　印张：12 1/2
字数：231 000
定价：65.00 元
（如有印装质量问题，我社负责调换）

"长江上游地区经济丛书"编委会

（以姓氏笔画为序）

主　编　王崇举　汪同三　杨继瑞

副主编　文传浩　白志礼

委　员　左学金　史晋川　刘　灿　齐建国

　　　　孙芳城　杨云彦　杨文举　余兴厚

　　　　宋小川　张宗益　陈泽明　陈新力

　　　　郝寿义　荆林波　段　钢　黄志亮

　　　　曾庆均　廖元和　魏后凯

"长江上游地区经济丛书"指导专家

(以姓氏笔画为序)

王崇举　教　授　重庆工商大学长江上游经济研究中心名誉主任
文传浩　教　授　重庆工商大学长江上游经济研究中心常务副主任
左学金　研究员　上海市政府参事
　　　　　　　　上海社会科学院原常务副院长
史晋川　教　授　浙江大学社会科学学部主任
　　　　　　　　浙江大学民营经济研究中心主任
白志礼　教　授　重庆工商大学长江上游经济研究中心顾问
刘　灿　教　授　西南财经大学原副校长
齐建国　研究员　中国社会科学院数量经济与技术经济研究所副所长
孙芳城　教　授　重庆工商大学校长
　　　　　　　　重庆工商大学长江上游经济研究中心主任
杨云彦　教　授　湖北省卫生和计划生育委员会主任
杨文举　教　授　重庆工商大学长江上游经济研究中心副主任
杨继瑞　教　授　重庆工商大学原校长
　　　　　　　　重庆工商大学长江上游经济研究中心名誉主任
余兴厚　教　授　重庆工商大学研究生院院长
宋小川　教　授　美国圣地亚哥美厦学院教授
　　　　　　　　重庆金融学院执行院长
汪同三　研究员　中国社会科学院数量经济与技术经济研究所原所长
张宗益　教　授　西南财经大学校长
陈泽明　教　授　贵州省博览事务局局长
陈新力　教　授　重庆工商大学经济学院院长
郝寿义　教　授　天津滨海综合发展研究院原院长
荆林波　研究员　中国社会科学院财经战略研究院副院长
段　钢　教　授　滇中产业聚集区（新区）管理委员会副主任
黄志亮　教　授　重庆工商大学原副校长
曾庆均　教　授　重庆工商大学科研处处长
廖元和　研究员　重庆工商大学产业经济研究院院长
魏后凯　研究员　中国社会科学院城市发展与环境研究所副所长

30 余年的改革开放，从东到西、由浅入深地改变着全国人民的观念和生活方式，不断提升着我国的发展水平和质量，转变着我们的社会经济结构。中国正在深刻地影响和改变着世界。与此同时，世界对中国的需求和影响，也从来没有像今天这样突出和巨大。经过30余年的改革开放和10余年的西部大开发，我们同样可以说，西部正在深刻地影响和改变着中国。与此同时，中国对西部的需求和期盼，也从来没有像今天这样突出和巨大。我们在这样的背景下，开始国家经济、社会建设的"十二五"规划，进入全面建成小康社会的关键时期，迎来中国共产党第十八次全国代表大会的召开。

包括成都、重庆两个西部最大的经济中心城市和几乎四川、重庆两省（直辖市）全部土地，涉及昆明、贵阳两个重要城市和云南、贵州两省重要经济发展区域的长江上游地区，区域面积为100.5万 km^2，占西部地区12省（自治区、直辖市）总面积的14.6%，占全国总面积的10.5%，集中了西部1/3以上的人口，1/4的国内生产总值。它北连甘、陕，南接云、贵，东临湘、鄂，西望青、藏，是西部三大重点开发区中社会发展最好、经济实力最强、开发条件最佳的区域。建设长江上游经济带以重庆、成都为发展中心，以国家制定的多个战略为指导，将四川、重庆、云南、贵州的利益紧密结合起来，通过他们的合作使长江上游经济带建设上升到国家大战略的更高层次，有着重要的现实意义。

经过改革开放的积累和第一轮西部大开发的推动，西部地区起飞的基础已经具备，起飞的态势已见端倪，长江上游经济带在其中发挥着举足轻重的作用。新一轮西部大开发战略从基础设施建设、经济社会发展、人民生活保障、生态环境保护等多个方面确立了更加明确的目标，为推动西部地区进一步科学良性发展提供了纲领性指导。新一轮西部大开发的实施也将从产业结构升级、城乡统筹协调、生态环境保护等多个方面为长江上游经济带提供更多发展机遇，更有利于促进长江上游经济带在西部地区经济主导作用的发挥，使之通过自身的发展引领、辐射和服务西部，通过新一轮西部大开发从根本上转变西部落后的局面，推动西部地区进入工业化、信息化、城镇化和农业现代化全面推进的新阶段，促进西部地区经济社会的和谐稳定发展。

本丛书是"十二五"国家重点图书出版规划项目，由教育部人文社会科学重点研究基地重庆工商大学长江上游经济研究中心精心打造，是长江上游经济研究中心的多名教授、专家经过多年悉心研究的成果，涉及长江上游地区区域经济、区域创新、产业发展、生态文明建设、城镇化建设等多个领域。长江上游经济研究中心（以下简称中心）作为教育部在长江上游地区布局的重要人文社会科学重点研究基地，在"十一五"期间围绕着国家，特别是西部和重庆的重大发展战略、应用经济学前沿及重大理论与实践问题，产出了一批较高水平的科研成果。"十二五"期间，中心将在现有基础上，加大科研体制、机制改革创新力度，探索形成解决"标志性成果短板"的长效机制，紧密联系新的改革开放形势，努力争取继续产出一批能得到政府、社会和学术界认可的好成果，进一步提升中心在国内外尤其是长江上游地区应用经济学领域的影响力，力争把中心打造成为西部领先、全国一流的人文社会科学重点研究基地。

本丛书是我国改革开放 30 余年来第一部比较系统地揭示长江上游地区经济社会发展理论与实践的图书，是一套具有重要现实意义的著作。我们期盼本丛书的问世，能对流域经济理论和区域经济理论有所丰富和发展，也希望能为从事流域经济和区域经济研究的学者和实际工作者们提供翔实系统的基础性资料，以便让更多的人了解熟悉长江上游经济带，为长江上游经济带的发展和西部大开发建言献策。

王崇举

2013 年 2 月 21 日

环境绩效评价研究至少可以追溯至 1969 年美国环境保护署公布的国家环境政策法案——《关于推动产业界采用系统化环境影响评估程序》。近半个世纪以来，随着人类对可持续发展关注的与日俱增，国内外有关环境绩效评价的思路、方法和应用研究成果层出不穷。学者在考虑到经济活动可能对生态环境造成不利影响的前提下，通过评估组织（或个体）的经济活动绩效，探索经济活动的优化举措，并就该领域的人类行为准则进行了一些制度设计，为推动全球经济社会可持续发展做出了巨大贡献。20 世纪 90 年代初期，绿色会计研究开启了国内环境绩效研究的先河（胡曲应，2011）。20 多年来，国内政府、学术界和企业界对经济活动的环境绩效理论研究与实践成果不断涌现，研究对象涉及区域、行业、企业等多个层面，研究领域涵盖环境绩效的内涵、评价指标和方法、影响因素等多个方面，为我国经济转型发展路径和可持续发展道路进行了有价值的探索。

长江上游地区作为长江流域的重要生态屏障区，不仅生态环境保护压力巨大，而且经济发展水平相对落后，各省（直辖市）基本上都还处于工业化中期阶段，在该地区探索出一条环境保护和经济发展共赢的新型工业化道路至关重要。要实现上述目标，首要任务是合理评价资源环境约束下的工业经济发展绩效。这不仅有助于掌握各地区工业发展的经济效益和生态效益现状，而且有助于找出它们与国内经济发达地区之间的差距和背后原因，进而促进各地区工业转型发展和可持续发展。纵览相关文献，鲜见有关长江上游地区工业环境绩效的研究成果。有鉴于此，本书拟对长江上游地区工业的环境绩效做一些尝试性研究。

本书主要从生态效率视角出发，在较系统地探讨环境绩效评价的思路和方法基础上，深入评价长江上游地区各省（直辖市）的工业环境绩效，分析环境绩效的影响因素及其演变趋势，并以绿色增长战略为切入点，探讨工业环境绩效的改善路径和相应的对策建议。作为该领域的一项尝试性研究，本书在丰富和完善环境绩效评价研究中具有抛砖引玉的作用，提出的一些对策建议还具有一定的决策参考价值。全书除第一章绪论外，还包括下述六章内容。

第二章为"长江上游地区工业化进程及生态环境压力分析"。本章首先从该地区经济、社会、生态环境及所处的一系列宏观背景入手，对长江上游地区的经济社会发展情况进行简要分析。然后，对长江上游地区及其中的4个省（直辖市）的工业发展历程及现状进行省际比较，并与国内其他地区的工业发展情况进行横向比较分析，厘清其发展现状和存在的主要问题。最后，对长江上游地区工业发展中的环境压力进行时空差异比较，并初步分析工业环境压力与工业化进程之间的相关关系。

第三章为"生态效率视角的动态环境绩效评价模型"。本章在阐述环境绩效的内涵及述评其评价研究思路和方法的基础上，深入剖析生态效率、环境绩效和动态环境绩效的内涵及其测度指标，并结合数据包络分析法（data envelopment analysis，DEA）、Delphi法和Malmquist指数，提出动态环境绩效测度指标和方法。同时，借鉴生产率与效率分析中的Malmquist指数分解思路，探讨动态环境绩效的源泉构成，将环境绩效变化分解为相对生态效率变化和环境技术变化两大部分，其中后者又进一步分解为环境技术变化的数量指标和偏向性指标两个部分。

第四章为"长江上游地区工业动态环境绩效评价"。本章首先以全国各个省份的工业为分析样本，以工业增加值和"三废"排放量等面板数据为基础，测度长江上游地区4省（直辖市）及国内其他省份工业近年来的静态环境绩效和动态环境绩效，并进行省际比较分析。然后，结合本书中的动态环境绩效分解方法，对长江上游地区 4 省（直辖市）及国内其他省份的工业环境绩效变化进行分解分析，探讨工业环境绩效演变的源泉及其相对贡献。最后，结合生态效率的内涵及其测度思路，以国内工业环境绩效最好的省份（上海市）为标杆，对长江上游地区 4 省（直辖市）工业可持续发展潜力进行比较分析。

第五章为"长江上游地区工业环境绩效的影响因素及趋同分析"。本章首先述评现有环境绩效影响因素研究，并结合环境经济学、生态经济学、发展经济学和产业经济学等学科理论，对环境绩效的影响因素及其作用机制进行理论探讨。然后，以长江上游地区省份工业的动态环境绩效分解结果为基础，运用计量经济学模型，实证分析工业发展中的静态环境绩效（生态效率）的影响因素。最后，借鉴经济增长研究中的趋同（或趋异）理论及实证研究方法，剖析长江上游地区各省份工业环境绩效的趋同（或趋异）性。

第六章为"环境绩效优化的绿色增长路径：理论及经验借鉴"。首先，规范性探讨绿色增长的内涵、源泉及其促进环境绩效优化的机制。然后，分别从资源环境状况、经济发展水平、科技进步水平、环境规制水平、对外开放程度等方面出发，规范性探讨绿色增长的影响因素。最后，梳理代表性发达国家（韩国）在工业化进程中实施低碳绿色增长战略的经验和教训，并探讨它们对长江上游地区工业环境绩效优化的启示。

第七章为"长江上游地区工业绿色增长的对策建议"。结合前述部分的理论和经验分析结论，分别从推进生态创新、优化产业结构、加快绿色技术进步、完善环境规制手段和提高人口素质等方面出发，探讨长江上游地区工业环境绩效优化的对策建议。

由于水平和精力有限，书中难免存在不足之处，恳请广大读者批评指正。

杨文举

2015 年 10 月

$\mathbf{C}$ontents 目录

第一章

绪　论

第一节　长江上游地区的范围界定

作为我国最大的河流，长江历来受到国内外学术界和各级政府部门的高度关注。长江流经的区域通常被分为长江上游地区、长江中游地区和长江下游地区三个部分。然而，由于相关专家学者的研究视角或研究目的不同，他们对长江上游地区的范围界定却具有较大的差异。现今有关该地区的范围界定主要包括地理学角度和经济学角度的两组观点。

一、地理学角度的观点

该组观点是从自然地理的角度出发，对长江上游地区的范围进行明确界定。这些研究都认为长江上游地区是以湖北省宜昌市为末端的长江上游整个地区，涵盖了长江干流及支流经过的所有区域，涉及青海、西藏、陕西、甘肃、云南、贵州、四川、重庆和湖北这 9 个省（自治区、直辖市），代表性观点如达凤全（2001）和林诚二等（2004）等，具体如下。

有学者认为，长江从源头到湖北省宜昌市为上游，全长 4511km，占长江全长的 70%，其干流流经青海、西藏、四川、重庆、云南、湖北 6 省（自治区、直辖市），支流布及甘肃、陕西、贵州 3 省，共涉及 9 个省（自治区、直辖市），流域面积 105.9 万 km²，占全流域的 58.9%，是全国陆地面积的 11.03%（达凤全，2001）。

林诚二等（2004）等认为，长江流域上游地区是指从其源头到湖北宜昌的区域，涵盖了长江上游干支流所涉及的区域，面积达 100 万 km²。其中，源头沱沱河在青海西南地区汇入那曲河后称为通天河，通天河流经青海在西藏边境玉树县汇入巴塘河后称为金沙江，金沙江流经云南、四川宜宾后称为长江。此外，长江上游共包括 5 条主要支流，即岷江（流经四川省）、沱江（流经四川省）、嘉陵江（流经陕西省、甘肃省、四川省和重庆市）、乌江（流经贵州省和重庆市）、雅砻江（流经四川省、青海省和云南省）。

二、经济学角度的观点

该组研究主要是从经济发展角度出发，对长江上游地区（长江上游经济带/产业带）的范围进行界定，但是不同学者有不同的观点，主要包括两种分类：宽派、窄派和中派分类（黄志亮，2011）；大尺度范围、中尺度范围和小尺度范围分类（白志礼，2009）。

（一）宽派、窄派和中派分类观点

宽派认为长江上游地区由干流流经的青海、西藏、四川、重庆、云南、湖北 6 省（自治区、直辖市），以及支流流经的甘肃、陕西、贵州 3 省构成，共涉及 9 个省（自治区、直辖市）。比如，邓玲和杜澌（1994）认为："长江上游地区指湖北宜昌以上长江干流和支流控制的流域，包括青海、西藏、云南、四川、贵州、甘肃、陕西、湖北八个省区的 47 地市州和 347 个县。控制流域面积 100.5 万平方公里，占长江全流域面积的 5.8%，约占全国国土总面积的十分之一。"① 再如，冉瑞平（2003）在其博士学位论文中指出："长江从源头到湖北宜昌的上游段，长 4511km，占长江全长的 70%，干流流经青海、西藏、云南、四川、重庆、湖北六省（区、市），支流布及甘肃、陕西和贵州三省，共涉及九省（区、市）348 个县。从流域构成上看，长江上游地区包括金沙江流域、岷江流域、沱江流域、嘉陵江流域、乌江流域、汉江流域（主要是源头区域）及长江上游干流区间，流域面积 105.4 万 km²，占长江总流域面积的 58.9%。"

窄派认为长江上游地区由四川省和重庆市两个省份构成。比如，中华人民

---

① 1997 年重庆市直辖，从而该观点实际上认为长江上游地区涵盖了 9 个省（自治区、直辖市），与前面的地理角度观点一致。

共和国国家发展计划委员会（2002）在《"十五"西部开发总体规划》中将长江上游经济带界定为由四川和重庆构成的区域。

中派认为长江上游地区由四川、重庆两省（直辖市）和云南、贵州两省有关地区构成。比如，陈栋生（1996）指出："从水系段落划分看，长江上游系指长江源头至宜昌段，其干流流经青海、西藏、四川、云南、湖北5省（自治区）；支流则及甘肃、陕西、贵州三省。如把长江上游105万平方千米流域面积全部纳入上游经济带的范围，显然失之过宽，也不具现实的操作性。但如按干流沿岸仅包括重庆—宜昌段，则失之过窄……故此，我以为四川（包括尚未直辖的重庆）全省和云、贵两省有关地区作为长江上游经济带是较适宜的。"白志礼（2009）认为："长江上游地区包括四川全省、重庆全市和贵州省4个地（市）的42个县（区、市），云南省5个市（州）的40个县（区、市）；面积为76.68万km²，占四省市总面积的67.1%；人口为15 706万人，占四省市总人口的77.0%。"

（二）大、中、小尺度范围分类观点

白志礼（2009）在《流域经济与长江上游经济区空间范围界定探讨》一文中，对长江上游地区（经济区）空间范围的划分原则及结果进行了深入总结，并将长江上游地区划分为大尺度范围、中尺度范围和小尺度范围三种分类结果。

大尺度范围的长江上游地区（经济带）划分应考虑自然条件相对一致性、区域连片性和经济联系紧密性，以及省级行政区划完整性。因此，长江上游地区应包括四川、重庆、云南和贵州4省（直辖市）。

中尺度范围的长江上游地区（经济带）划分主要考虑三点：一是纳入区域应为长江上游流域区的范围；二是域内所有行政区经济联系紧密、互补性强；三是要保持划分结果中县（市、区）级行政单元完整。据此，该研究认为中尺度的长江上游经济区（经济带）包括四川全省、重庆全市、贵州省4个地（市）的42个县（区、市），以及云南省5个市（州）的40个县（区、市）。

小尺度范围的长江上游地区（经济带）划分主要是突出区域经济增长极的概念。该研究指出，该区域包括成渝经济区所涉及的四川省16个市和重庆市38个区县。

三、本书的观点

本书关于长江上游地区地理范围的界定，是在梳理前述分类方法及结果的基础上，结合本书研究的目的，而将长江上游地区的地理范围界定为四川、重庆、云南和贵州 4 个省级（直辖市）行政区，这与相关研究中的中派观点和大尺度范围划分结论基本一致。之所以做出上述划分，主要依据有如下三点。

第一，本书的研究是一项介于宏观和微观层面的中观层次的理论及应用研究，特别是其中的一些研究结论的得出主要是通过横向比较研究而得来，这要求细分的研究对象应具有规模的可比性。因此，一旦细分对象中涉及某（几）个相关省份，则其他细分对象也应俱属于同一级别的行政区域，这样研究中采取的思路及方法才具有可行性，得出的研究结论才具有可比性。

第二，本书的研究是一项经济学研究，其研究对象的细分对象应该具有经济发展的可比性。具体来说，本书以工业发展中的环境绩效（生态效率）为切入点，对长江上游地区的发展历程进行剖析，并对其今后的发展方向、思路和对策进行探讨。因此，从学科属性或研究取向来看，本书的研究是一项经济学领域的学术研究，其研究对象的地理范围应是在地理范围上相互邻近且属于长江流域的上游地段，在经济发展条件和水平上应尽量相似——既存在一定的互补性又具有一定的差距。

第三，本书的研究涉及一系列实证分析，为便于数据采集和分析，所涉及的各内部区域应与行政区划一致且级别相同。也就是说，研究对象应该涵盖相关省份。

因此，综上所述，本书对长江上游地区做出的 4 个省（直辖市）级行政区的范围界定能够满足本书的研究目的。

第二节　长江上游地区工业发展的现实背景

长江上游地区经济发展水平相对落后，加快推进工业化在国民经济快速发展中具有至关重要的地位和作用。不仅如此，长江上游地区还具有特殊的地理位置，作为长江流域重要的生态屏障区，该地区的生态治理和环境保护事关整个长江流域甚至全国的经济社会可持续发展。当前及今后一段时期内，长江上游地区肩负着快速工业化和保护生态环境的双重任务。目前，无论是从国家相关发展战略来看，还是从长江上游地区的经济发展实际情况来看，长江上游地区工业经济转型发展都已迫在眉睫，必须尽快改变多年来的粗放型经济增长方式，走绿色、低碳、循环的可持续发展道路。

一、中国工业经济转型发展为大势所趋

良好的生态环境也是生产力，而恶化的生态环境不仅仅阻碍经济发展，更会导致诸多社会问题。1987 年，世界环境与发展委员会（World Commission on Environment and Development，WCED）发布《我们共同的未来》，正式把环境与经济发展紧密地结合在一起，进而在全球掀起了至今仍广为推行的可持续发展浪潮。现有主要发达国家的工业化历程表明，一国或地区的工业发展到一定阶段后，必须大力调整产业结构，由高投入、高产出、高污染的行业向低投入、低排放、高产出的行业结构转型发展。具体而言，它们的发展经历表明，从能源消耗的角度来看，一国或地区的工业化将经历单位 GDP 能耗由低到高再降低的转变，而且环境污染与工业发展水平也呈现出这种倒 U 形特征，这与它们的行业结构演变是高度相关的。其中，在单位 GDP 能耗上升阶段，工业行业主要涉及钢铁、水泥等重工业，它们都具有高能耗、高排放的特点。在单位 GDP 能耗降低阶段，工业发展由重化工业向高加工度工业转变，原材料加工链条不断拉长，能源使用效率提高与产品附加值上升并存，同时也伴随着重化工业向国外一些发展中国家或地区的转移。

党的十七大报告明确提出，促进国民经济又好又快发展，必须把建设资源节约型、环境友好型社会放在工业化、现代化发展战略的突出位置。2010 年 2 月 3 日，胡锦涛同志在中央党校的讲话中再次强调，要把加快经济发展方式转变作为深入贯彻落实科学发展观的重要目标和战略举措。《国民经济和社会发展第十二个五年规划纲要》亦明确提出：面对日趋强化的资源环境约束，必须增强危机意识，树立绿色、低碳发展理念，以节能减排为重点，健全激励与约束机制，加快构建资源节约、环境友好的生产方式和消费模式，增强可持续发展能

力，提高生态文明水平；当前应按照减量化、再利用、资源化的原则，减量化优先，以提高资源产出效率为目标，推进生产、流通、消费各环节循环经济发展，加快构建覆盖全社会的资源循环利用体系。2011年12月，国务院印发的《工业转型升级规划（2011—2015年）》指出，推动工业转型升级，要以科学发展为主题，以加快转变经济发展方式为主线，着力提升自主创新能力，推进信息化与工业化深度融合，改造提升传统产业，培育壮大战略性新兴产业，加快发展生产性服务业，调整和优化产业结构，把工业发展建立在创新驱动、集约高效、环境友好、惠及民生、内生增长的基础上，不断增强我国工业核心竞争力和可持续发展能力。2015年5月8日，国务院印发的《中国制造2025》指出："我国经济发展进入新常态……资源和环境约束不断强化，劳动力等生产要素成本不断上升，投资和出口增速明显放缓，主要依靠资源要素投入、规模扩张的粗放发展模式难以为继，调整结构、转型升级、提质增效刻不容缓。"显然，不断增强科技实力，深入推进节能减排，带动国内工业发展由高投入、高能耗、高污染的外延型增长方式向低投入、低排放、低污染的内涵型增长方式转变，促进中国工业经济可持续发展是不可逆转的重要方向。

二、推进生态文明建设已成全国共识

目前，学术界对生态文明的内涵主要有四种提法。一是广义说，如陈瑞清（2007）认为生态文明是人类的一个发展阶段，它是人类对自身发展与自然关系深刻反思基础上的新的文明形态。二是狭义说，如余谋昌（2006）认为生态文明是社会文明的一个方面，是继物质文明、精神文明、政治文明之后的第四种文明。三是发展理念说，如胡锦涛（2007）、曲格平（2010）等认为生态文明是与"野蛮"相对的，是在工业文明已经取得成果的基础上，用更文明的态度对待自然，拒绝对大自然进行野蛮与粗暴的掠夺，积极建设和认真保护良好的生态环境，改善和优化人与自然的关系，从而实现经济社会可持续发展的长远目标。四是制度属性说，如潘岳（2007）认为资本主义制度是造成全球性生态危机的根本原因，生态问题的实质是社会公平问题，受环境灾害影响的群体是更大的社会问题，只有社会主义才能真正解决社会公平问题，因此生态文明是社会主义的本质属性。我们认为，生态文明是继原始文明、农业文明、工业文明之后的文化伦理形态，它是人类遵循人、自然、社会和谐发展这一客观规律而取得的物质与精神成果的总和，是以人与自然、人与人、人与社会和谐共生、良性循环、全面发展、持续繁荣为基本宗旨。

党的十七大报告明确提出："建设生态文明，基本形成节约能源资源和保护生态环境的产业结构、增长方式、消费模式。"党的十八大报告中进一步指出：建设生态文明，是关系人民福祉、关乎民族未来的长远大计。面对资源约束趋紧、环境污染严重、生态系统退化的严峻形势，必须树立尊重自然、顺应自然、保护自然的生态文明理念，把生态文明建设放在突出地位，融入经济建设、政治建设、文化建设、社会建设各方面和全过程，努力建设美丽中国，实现中华民族永续发展。2013 年习近平同志在中央政治局第六次集体学习中就大力推进生态文明建设所作的重要讲话强调，建设生态文明，关系人民福祉，关乎民族未来。要以对人民群众、对子孙后代高度负责的态度和使命，真正下决心把环境污染治理好、把生态环境建设好，努力走向社会主义生态文明新时代，为人民创造良好生产生活环境。2013 年以来，中央各部委以具体行动大力推进生态文明建设，先后出台了《关于印发国家生态文明先行示范区建设方案（试行）的通知》（发改环资〔2013〕2420 号）、《国家生态文明建设试点示范区指标（试行）》（环发〔2013〕58 号）等文件，相关省份亦进行了大力推进。2015 年 4 月25 日，中共中央、国务院印发《关于加快推进生态文明建设的意见》（简称《意见》），《意见》明确了加快推进生态文明建设的五项基本原则：一是坚持把节约优先、保护优先、自然恢复为主作为基本方针；二是坚持把绿色发展、循环发展、低碳发展作为基本途径；三是坚持把深化改革和创新驱动作为基本动力；四是坚持把培育生态文化作为重要支撑；五是坚持把重点突破和整体推进作为工作方式。《意见》提出，到 2020 年，资源节约型和环境友好型社会建设取得重大进展，主体功能区布局基本形成，经济发展质量和效益显著提高，生态文明主流价值观在全社会得到推行，生态文明建设水平与全面建成小康社会目标相适应。

三、国家高度重视长江经济带建设

长江是我国第一大河，世界第三长河，干流流经青、藏、川、滇、渝、鄂、湘、赣、皖、苏、沪，干流全长 6300km，流域面积 180 万 km²，约占全国陆地总面积的 1/5。经过几千年的开发建设，长江流域已成为我国农业、工业、商业、文化教育和科学技术等方面最发达的地区之一。长江经济带东起上海，西至云南，覆盖上海、江苏、浙江、安徽、江西、湖北、湖南、重庆、四川、云南、贵州等 11 省（自治区、直辖市），面积约 205 万 km²，人口和生产总值均超过全国的 40%，是长江流域最发达的地区，也是全国高密度的经济走廊之一。近年来，长江经济带首尾两大战略金融核心区——江北嘴、陆家嘴，已逐步发展成为中国最具影响力并和国际经济关联密切的金融中心。长江经济带横跨我国东中西三大区域，具有独特优势和巨大发展潜力。

1985 年 9 月，"七五"计划在提出东中西部概念的基础上，要求加快长江中游沿岸地区的开发，大力发展同东部、西部地带的横向经济联系，这是国家层面首次提出的长江经济带构想。2005 年，长江沿线七省两市签订《长江经济带合作协议》，但因各省市行政壁垒等因素，长江流域的航运和经济的协同发展未得到根本性改善，该协议效果不大。2013 年 9 月，国家发展和改革委员会会同交通运输部在北京召开关于《依托长江建设中国经济新支撑带指导意见》研究起草工作动员会议，当时包括上海、重庆、湖北、四川、云南、湖南、江西、安徽、江苏等 9 个省（自治区、直辖市）。经过 30 年的曲折演进，2014 年 3 月 5 日第十二届全国人民代表大会第二次会议上，李克强总理在政府工作报告中首次提出要依托黄金水道，建设长江经济带，至此长江经济带建设已明确为国家战略。2014 年 4 月 25 日，中央政治局会议提出"推动京津冀协同发展和长江经济带发展"。2014 年 4 月 28 日，李克强总理在重庆召开座谈会，研究依托黄金水道建设长江经济带，为中国经济持续发展提供重要支撑，贵州和浙江两省确定被纳入。2014 年 9 月 25 日，国务院发布《关于依托黄金水道推动长江经济带发展的指导意见》（国发〔2014〕39 号），正式提出将依托黄金水道推动长江经济带发展，打造中国经济新支撑带，是党中央、国务院审时度势，谋划中国经济新棋局做出的既利当前又惠长远的重大战略决策，这标志着长江经济带正式上升为国家战略。《意见》还指出，要顺应全球新一轮科技革命和产业变革趋势，推动沿江产业由要素驱动向创新驱动转变，促进产业转型升级，要设绿色生态廊道，创新区域协调发展体制机制。2015 年 6 月 9 日，国家发展和改革委员会印发了《关于建设长江经济带国家级转型升级示范开发区的实施意见》（发改外资〔2015〕1294号），指出将依托长江经济带现有的国家级、省级开发区，规划建设示范开发区，主要任务之一为低碳减排，建设绿色发展示范开发区，通过3~5年的努力，示范开发区的转型升级走在全国开发区前列。

四、长江上游地区工业化进入中期阶段

产业经济理论和国际经验表明，工业化过程中三次产业变动趋势是产业结构演进的普遍规律，工业化过程一般划分为初期、中期和后期三个阶段。其中，工业化初期主要具有下述一些特征，即资本短缺、技术落后、劳动力成本低但比较丰富、市场需求主要以轻纺工业品为主，产业结构表现为轻工业和劳动密集型产业主导的"轻型"特征。在工业化中期阶段，随着轻工业得到长足发展，城市化、农业机械化和基础设施建设也大规模展开，资本需求突破性增长，市场需求和生产条件发生相应变化，产业结构表现为重工业主导的"重型"特征。随着重化工业化的推进和科技不断发展，居民恩格尔系数大幅下降，经济中的服务需求大量增长，工业化进入后期阶段，产业结构表现为以服务业主导的"服务型"特征。也就是说，经济发展中一般都会依次经历轻工业化、重化工业化和服务化三个阶段，这是经济客观条件决定的人类社会产业结构演进的普遍规律。

新中国成立以来，长江上游地区实现了快速经济增长，实现了由工业化起步阶段到工业化初级阶段、再到工业化中期阶段的历史大跨越。特别是改革开放30多年来，工业经济发展更是经历了前所未有的快速增长。据统计，1978~2013年全国经历了年均9.77%的高速经济增长，截至2013年工业增加值达到210 689.4亿元，是1978年的41.64倍（可比价），年均增长11.24%，占GDP的37.04%。其中，长江上游地区实现工业增加值23 282.3亿元，占全国的11.05%，占地区GDP的39.70%。[①] 国家统计局于2009年9月21日发布的《新中国成立60周年经济社会发展成就回顾系列报告之十二》指出，新中国在几乎一穷二白的基础上，已建立起独立的、比较完整的、有相当规模和较高技

---

① 数据来源于2014年《中国统计年鉴》。

术水平的现代工业体系，实现了由工业化起步阶段到工业化初级阶段、再到工业化中期阶段的历史大跨越。其中，无论是处于工业化初期前半段的贵州，还是处于工业化中期的重庆、四川和云南，它们都处在工业化快速推进阶段。

五、长江上游地区背负着沉重的环境代价

根据工业化的一般理论和国际经验，进入工业化中期阶段后，重化工业成为国民经济中的主导行业，这些行业都是资金和知识含量都较高的基础原材料产业，主要是进行生产资料的生产，包括能源、机械制造、电子、化学、冶金及建筑材料等行业。重化工行业尤其是能源、化学、冶金、建材等行业对化石能源、水资源和土地等投入资源消耗量大，同时又会产生较大的"三废"排放量，它们会对自然环境产生较大压力。与此同时，落后地区由于经济发展水平低下，财政收入不高，技术水平落后，它们在快速工业化的同时往往难以通过技术革新来广泛推行清洁生产和末端治理，快速工业化和环境绩效改善难以同时兼顾，结果往往是高速经济增长伴随着环境恶化。

近年来，随着工业不断发展，长江上游地区生态环境也日趋严峻。刘京徽（2013）撰文指出，该地区草地退化、沙化亟待解决。刘京徽一行考察了作为拥有世界最大的泥炭沼泽湿地，长江、黄河上游重要的集水区和水源涵养地——四川省阿坝地区若尔盖县，发现该地区受多方面因素的影响，森林恢复缓慢，草地退化、沙化现象严重；同时由于改变了局地气候，区域水资源总量呈减少趋势，地下水位在急剧下降，地表的草本植物因缺水相继死亡，继而露出厚厚的黄沙层。2013 年长江上游地区废水排放量为 69.99 亿 t，占全国废水排放总量的 10.06%。其中，化学需氧量（COD）排放量为 249.92 万 t，占全国的 10.62%；SO_2 排放量为 301.39 万 t，氮氧化物排放量 206.73 万 t，烟粉尘排放量 117.54 万 t，分别占全国的 14.75%、9.28% 和 9.20%；一般工业固体废物产生量达 41 402.44 万 t，危险废物 317.94 万 t，分别占全国的 12.63% 和 10.07%。[①] 从这些数据不难看出，在经济增长背后，长江上游地区付出的是沉重的环境代价。

---

① 数据来源于 2014 年《中国统计年鉴》。

第三节 环境绩效评价在工业转型发展中的作用

一、环境绩效相关概念的界定

近年来研究环境绩效的文献众多，类似环境绩效的概念有很多，如"生态效率""生态绩效""环境效率""环境全要素生产率"等。所谓环境绩效（environmental performance），是指一个组织管理其环境问题的结果，可依照组织的环境方针、目标和指标来进行测度（ISO，1999）；由于使用的目的、意义和应用领域的差异，环境绩效可反映不同方面的问题，如环境改善的趋势、环境状况、环境效率，以及对环境管制的服从情况等（Ramos et al.，2009）。其中，"生态效率"一词最初由 Schaltegger 和 Sturm（1990）提出，后经世界可持续发展委员会在 1992 年里约地球峰会上进行了推广，目前在国内外产业生态学、经济学及其交叉学科中广为传播。所谓生态效率，是指经济活动产生的增加值与其对环境造成的破坏之比，如 Schmidheiny 和 Zorraquin（1996）、Jollands（2003）、Kuosmanen 和 Kortelainen（2005）、Kortelainen（2008）等所述。显然，生态效率兼顾经济效益和环境效益，形式简单且政策意义极强，是测度经济活动环境绩效的一个较好指标；如果生产活动能增加好的商品和服务的数量并同时减少环境破坏程度，则其生态效率就越高，从而生产活动的环境绩效就越好。因此，本书利用生态效率来测度经济活动的静态环境绩效，生态效率越高则环境绩效越好。

为研究环境绩效的年际变化即动态环境绩效（dynamic environmental performance），本书沿用由 Kortelainen（2008）提出、杨文举（2011a）进行完善的动态环境绩效指数（dynamic environmental performance index）来进行测度。他们结合生态效率的概念、Malmquist 指数和数据包络分析法，把相邻两个时期的生态效率之比定义为一个动态环境绩效指数，并以此来测度环境绩效的动态演变；并将动态环境绩效指数分解成相对生态效率变化和环境技术变化两个组成部分，并据此来探讨动态环境绩效的影响因素，本书沿用该思路下的相关概念界定。

二、环境绩效评价的内容

按照 ISO14031 的定义（ISO，1999），环境绩效评价是对个人、团体或组织是否实现环境目标的评价，旨在以持续的方式向管理当局提供相关和可验证的信息，以确定企业的环境绩效是否符合管理当局所制定的标准的内部过程和管理工具。作为对组织环境绩效进行量测与评估的一种系统程序，环境绩效评价包括选择指标、收集和分析数据、依据环境绩效准则进行信息评价、报告和交流，并针对过程本身进行定期评审和改进。本书中，环境绩效评价指的是对经济活动的生态环境效益进行综合评价，在具体的分析中主要涉及三个方面的内容：一是运用生态效率指标来衡量长江上游地区各个省份的工业环境绩效，并探讨它们与国内其他省份之间的差距；二是以生态效率指标为基础构建出一个动态环境绩效指数，据此探讨长江上游地区工业环境绩效的演变趋势；三是根据长江上游地区省份工业环境绩效测度结果，探讨该地区环境绩效演变的背后原因。

三、环境绩效评价的作用

为科学地探索工业转型发展的道路，我们有必要深入把握资源环境约束下的工业发展现状，并剖析其背后的影响因素，以在工业转型发展中有的放矢。作为系统分析经济活动经济效益和生态环境效益的关键手段，环境绩效评价在工业转型发展中具有至关重要的作用，我们认为这至少体现在下述三个方面。

1. 环境绩效评价是掌握工业转型发展目标的重要手段

在推行可持续发展的今天，经济活动的效益评估不能对生态环境条件约束视而不见，否则会误导经济发展政策的制定和实施。生态效率用经济活动产生的增加值与其对环境造成的破坏之比来衡量，该指标作为衡量经济活动的经济效益和生态效益的一个综合性指标，能够较好地反映经济活动的环境绩效。运用生态效率来评价长江上游地区工业的环境绩效，能够较好地把握该地区在环境约束下的工业发展状况，而且通过与国内其他省份的比较分析，有助于发现该地区与发展前沿之间的差距，并据此确定比较科学合理的转型发展目标。

2. 环境绩效评价是探索工业转型发展路径的重要手段

为探索工业转型发展路径，厘清环境约束下工业发展绩效的影响因素至关重要。在对这些因素做出比较深入探讨的基础上，各级各类经济主体就可以根据经济发展的实际情况，提出一些针对性强的可行的建议并付诸实施。环境绩效评价的核心内容之一就在于找出不同经济体（本书指各个省份）之间的环境绩效差距，并探索其背后的深层次原因。显然，通过对工业经济活动进行环境绩效评价，有助于探索它们今后的环境绩效优化方向和路径。

3. 环境绩效评价是检验工业发展战略和政策实施效果的重要手段

新中国成立以来，我国制定了一系列推进工业化的发展战略和具体政策，它们在国内资源比较紧缺的情况下，有力地促进了国内资源配置，加快了我国工业化进程，对国民经济的快速发展起到了重要作用。然而，这种经济快速增长仅是衡量经济可持续发展的一个方面，它并未涉及经济增长对生态环境的影响分析。而基于生态效率的环境绩效评价综合考虑了经济活动的经济效益和生态环境效益，这恰好能够较全面地衡量经济可持续发展的两大方面。因此，从可持续发展角度来看，环境绩效评价还是检验我国工业发展战略和相关政策实施效果的重要手段。

第二章

长江上游地区工业化进程及生态环境压力分析

第一节　长江上游地区经济社会发展概况

一、发展概况

（一）经济发展迅速

近年来，随着西部大开发的深入推进，长江上游地区在经济增长、居民收入和支出水平、产业结构优化及开放发展等各方面取得了巨大进步，主要体现在下述五大方面。

一是宏观经济快速增长（表2-1）。近年来，长江上游地区大力发掘后发优势，不断承接国内外产业转移，三次产业尤其是工业和服务业不断发展，宏观经济取得较好的发展成就，总体来说，4省（直辖市）经济发展水平重庆最高，四川第二，云南第三，贵州第四。2013年，该地区实现地区生产总值39 693亿元，是2000年（8572亿元）的4.63倍，占全国GDP的9.31％，其中工业增加值15 285亿元，是2000年的5.66倍，占地区生产总值的38.51％，占全国工业增加值的8.70％；人均GDP达19 719元，是2000年的4.58倍，年均增长12.41％。就重庆、四川、贵州和云南4省市而言，2013年分别实现地区生产总值8016亿元、19 430亿元、4497亿元和7750亿元，是2000年的5.00倍、4.95倍、4.37倍和3.85倍；分别实现工业增加值3325亿元、7961亿元、1509亿元、2491 亿元，是 2000 年的 6.49 倍、6.90 倍、4.59 倍和 3.54 倍；分别实现人均 GDP27 104 元、22 313 元、12 873 元和 16 585 元，是 2000 年的 5.26 倍、4.66 倍、4.84 倍和 3.58 倍。[①]

二是居民收入水平迅速提高（表 2-2）。整个地区 2000 年以来城乡居民收入水平大幅提高，其中四川增长最快，重庆第二，云南第三，贵州第四。2013 年农村居民家庭人均纯收入 4455 元，城镇居民家庭人均可支配收入14 580 元，分别是 2000 年的 2.68 倍和 2.47 倍，年均增长 7.88％和 7.20％；2012 年劳动者报酬 4106 亿元，是 2000 年的 3.57 倍，年均增长 11.20％。其中，重庆、四川、贵州和云南 4 省（直辖市）2013 年实现城镇居民家庭人均可支配收入 15 971 元、15 378 元、11 607 元和 15 363 元，分别是 2000 年的 2.54 倍、2.61 倍、2.27 倍和 2.43 倍；农村居民家庭人均纯收入 5277 元、5428 元、3052 元和 4061 元，分别是 2000 年的 2.79 倍、2.85 倍、2.22 倍和 2.75 倍；4 省（直辖市）劳动者报酬分别由 2000 年的 862 亿元、2263 亿元、605 亿元和 867 亿元提高到 2012 年的 3553 亿元、7245 亿元、2130 亿元和 3496 亿元，各自提高了 3.12 倍、2.20 倍、2.52 倍和 3.03 倍。[②]

三是居民消费水平大幅上升（表 2-3）。长江上游地区城镇、农村居民人均消费支出分别由 2000 年的 4972 元、1538 元提高到 2013 年的 10 059 元和 3452 元，分别提高了 1.02 倍和 1.24 倍，年均增长 6.42％和 5.57％。其中，4 省（直辖市）城镇居民消费支出四川省增长最快，重庆第二，云南第三，贵州第四，分别由 2000 年的 4856 元、5570 元、5185 元和 4278 元上升到 2013 年的 11 237 元、11 282 元、10 021 元和 7696 元，分别增长了 1.31 倍、1.03 倍、0.93 倍和 0.80 倍；4 省（直辖市）农村居民消费支出四川增长最快，贵州第二，重庆第三，云南第四，分别由 2000 年的 1614 元、1039 元、1604 元和 1895 元上升到 2013 年的 4337 元、2662 元、3671 元和 3136 元，分别增长了 1.69 倍、1.56

---

① 原始数据来源于 2001～2014 年《中国统计年鉴》，作者对其进行了可比价调整；除特别说明外，本书中所有数据均以 2000 年为基期进行了相应调整，即以 2000 年的物价作为不变价，对其他年份数据进行了剔除通胀因素影响。

② 原始数据来源于 2001～2014 年《中国统计年鉴》，作者对其进行了可比价调整。

倍、1.29 倍和 0.65 倍。[①]

四是对外开放程度逐步提高（表 2-4）。2013 年，长江上游地区实现进出口 1669 亿美元（按经营单位所在地分），是 2000 年（68 亿美元）的 24.54 倍，占全国的 4.01%，其中出口 1113.02 亿美元，占全国的 5.04%；吸引外商直接投资（foreign direct investment，FDI）1673 亿美元，占全国的 4.76%，比 2012 年提高了 13.04 个百分点，是 2000 年的（230 亿美元）7.27 倍；经济外向度由 2000 年的 0.29 提高到 2013 年的 0.35。其中，重庆、四川、贵州、云南 4 省（直辖市）进出口总额分别由 2000 年的 18 亿美元、25 亿美元、7 亿美元和 18 亿美元提高到 2013 年的 687 亿美元、646 亿美元、83 亿美元和 253 亿美元，分别提高了 37.17 倍、24.84 倍、10.86 倍和 13.06 倍；吸引外商直接投资额分别由 2000 年的 66 亿美元、101 亿美元、15 亿美元和 48 亿美元提高到 2013 年的 588 亿美元、725 亿美元、119 亿美元和 241 亿美元，分别提高了 7.91 倍、6.18 倍、6.93 倍和 4.02 倍；外向度分别由 2000 年的 0.43、0.27、0.18 和 0.27 提高到 2013 年的 0.62、0.32、0.16 和 0.26。[①]

五是产业结构不断优化（表 2-5）。长江上游地区近年来产业结构不断升级，一产比重逐年下降，二产和三产比重波动中不断上升，三次产业产值比重由 2000 年的 22.8∶41.5∶35.8 升级为 2013 年的 12.5∶46.2∶41.3。其中，重庆、四川、贵州和云南 4 省（直辖市）三次产业结构（产值）比重分别由 2000 年的 17.8∶41.4∶40.8、23.6∶42.4∶34.0、27.3∶39.0∶33.7、22.3∶43.1∶34.6 转变为 2013 年的 8.0∶50.5∶41.4、13.0∶51.7∶35.2、12.9∶40.5∶46.6、16.2∶42.0∶41.8，所有省份都经历了一产比重大幅下降和非农产值比重大幅上升的过程，产业结构得到了优化调整，其中重庆和四川的二产比重大幅上升而三产比重略有下降，贵州和云南则经历了三产比重大幅上升而二产比重略有下降的过程。[①]

---

① 原始数据来源于 2001~2014 年《中国统计年鉴》，作者对其进行了可比价调整。

表 2-1　长江上游地区经济发展概况（2000～2013 年）

年份	重庆			四川			贵州			云南			长江上游地区		
	GDP /亿元	工业增加值/亿元	人均GDP /元	GDP /亿元	工业增加值/亿元	人均GDP /元	GDP /亿元	工业增加值/亿元	人均GDP /元	GDP /亿元	工业增加值/亿元	人均GDP /元	GDP /亿元	工业增加值/亿元	人均GDP /元
2000	1 603	512	5 157	3 928	1 154	4 784	1 030	329	2 662	2 011	704	4 637	8 572	2 699	4 310
2001	1 747	554	5 596	4 282	1 250	5 236	1 121	357	2 863	2 148	734	4 888	9 298	2 895	4 645
2002	1 926	611	6 142	4 723	1 372	5 763	1 223	389	3 100	2 341	798	5 243	10 213	3 170	5 062
2003	2 147	704	6 810	5 256	1 581	6 326	1 346	447	3 400	2 547	879	5 643	11 296	3 611	5 545
2004	2 409	805	8 596	5 924	1 870	7 534	1 499	516	3 767	2 835	981	6 194	12 667	4 172	6 523
2005	2 691	794	8 522	6 670	2 283	8 183	1 690	602	4 257	3 087	1 053	6 988	14 138	4 732	6 988
2006	3 025	955	9 643	7 571	2 740	9 188	1 906	697	4 716	3 446	1 217	7 750	15 948	5 609	7 824
2007	3 506	1 179	10 990	8 669	3 212	10 581	2 188	765	5 247	3 866	1 387	8 538	18 229	6 543	8 839
2008	4 014	1 411	12 488	9 622	3 759	11 743	2 436	850	6 034	4 276	1 545	9 455	20 348	7 565	9 930
2009	4 612	2 060	16 188	11 017	4 421	13 499	2 713	869	7 608	4 793	1 622	10 518	23 135	8 972	11 953
2010	5 401	2 520	18 804	12 681	5 484	15 630	3 061	1 009	8 724	5 383	1 940	11 737	26 526	10 953	13 724
2011	6 286	2 945	21 663	14 583	6 583	18 125	3 520	1 129	10 131	6 120	2 061	13 258	30 509	12 718	15 794
2012	7 169	3 116	24 345	16 398	7 254	20 357	3 968	1 293	11 497	6 914	2 314	14 883	34 449	13 977	17 771
2013	8 016	3 325	27 104	19 430	7 961	22 313	4 497	1 509	12 873	7 750	2 491	16 585	39 693	15 285	19 719

资料来源：2001～2014 年《中国统计年鉴》

注：表中数据运用 GDP 平减指数进行了调整（2000 年为基期）；"长江上游地区"一列为 4 省（直辖市）之和

表 2-2　长江上游地区城乡居民收入概况（2000～2013 年）

年份	重庆			四川			贵州			云南			长江上游地区		
	农村居民收入/元	城镇居民收入/元	劳动者报酬/亿元	农村居民收入/元	城镇居民收入/元	劳动者报酬/亿元	农村居民收入/元	城镇居民收入/元	劳动者报酬/亿元	农村居民收入/元	城镇居民收入/元	劳动者报酬/亿元	农村居民收入/元	城镇居民收入/元	劳动者报酬/亿元
2000	1 892	6 276	862	1 904	5 894	2 263	1 374	5 122	605	1 479	6 325	867	1 662	5 904	1 149
2001	1 951	6 652	933	1 982	6 343	2 538	1 396	5 391	604	1 541	6 828	975	1 717	6 303	1 262
2002	2 030	7 004	1 014	2 107	6 608	2 780	1 465	5 844	649	1 628	7 330	1 033	1 807	6 696	1 369
2003	2 092	7 646	1 110	2 198	6 941	3 038	1 477	6 199	708	1 691	7 618	1 138	1 864	7 101	1 498
2004	2 246	8 249	1 115	2 339	7 159	2 911	1 539	6 544	687	1 715	8 161	1 256	1 960	7 528	1 492
2005	2 180	7 949	1 168	2 532	7 574	3 098	1 582	6 869	771	1 821	8 264	1 437	2 029	7 664	1 618
2006	2 225	8 956	1 269	2 616	8 146	3 420	1 617	7 430	831	1 944	8 700	1 536	2 101	8 308	1 764
2007	2 631	9 439	1 478	2 911	9 109	3 943	1 801	8 102	937	2 134	9 312	1 716	2 369	8 990	2 018
2008	2 859	9 954	—	3 147	9 647	—	1 913	8 041	—	2 331	9 953	—	2 562	9 399	—
2009	3 163	11 123	2 337	3 474	10 775	5 271	2 084	8 919	1 453	2 618	11 206	2 376	2 835	10 506	2 859
2010	3 596	11 947	2 659	3 754	11 409	5 969	2 309	9 405	1 626	2 945	11 970	2 492	3 151	11 183	3 186
2011	4 069	12 715	3 096	4 251	12 414	6 507	2 559	10 182	1 841	3 250	12 784	2 939	3 532	12 024	3 596
2012	4 619	14 369	3 553	4 814	13 962	7 245	2 773	10 909	2 130	3 633	14 132	3 496	3 959	13 343	4 106
2013	5 277	15 971	—	5 428	15 378	—	3 052	11 607	—	4 061	15 363	—	4 455	14 580	—

资料来源：2001～2014 年《中国统计年鉴》

注：表中数据运用 GDP 平减指数进行调整（2000 年为基期）；"农村居民收入"一列为农村居民家庭人均年纯收入，"城镇居民收入"一列为城镇居民家庭人均年可支配收入，"长江上游地区"为 4 省（直辖市）的算术平均值；"—"表示无数据

表 2-3　长江上游地区城乡居民消费概况（2000～2013 年）

单位：元

年份	重庆		四川		贵州		云南		长江上游地区	
	城镇	农村	城镇	农村	城镇	农村	城镇	农村	城镇	农村
2000	5 570	1 604	4 856	1 614	4 278	1 039	5 185	1 895	4 972	1 538
2001	5 813	1 649	5 162	1 627	4 226	1 074	5 276	1 297	5 119	1 411
2002	6 155	1 587	5 410	1 728	4 521	1 145	5 900	1 365	5 496	1 456
2003	6 725	1 598	5 676	1 863	4 670	1 157	6 003	1 293	5 769	1 478
2004	7 133	17 22	5 916	1 999	4 910	1 194	6 290	1 503	6 062	1 605
2005	6 692	1 747	6 224	2 197	5 190	1 317	6 240	1 706	6 087	1 742
2006	7 276	1 812	6 556	2 241	5 581	1 328	6 376	1 853	6 447	1 809
2007	7 414	2 087	7 134	2 420	5 887	1 438	6 417	2 063	6 713	2 002
2008	7 723	2 805	7 391	2 567	5 710	1 465	6 818	2 170	6 910	2 252
2009	8 577	2 220	8 455	3 029	6 274	1 705	7 926	2 360	7 808	2 329
2010	9 087	2 489	8 932	3 504	6 689	1 946	8 251	2 685	8 240	2 656
2011	9 403	2 898	9 499	4 079	7 008	2 461	8 429	3 320	8 585	3 189
2012	10 369	3 140	10 347	3 690	7 341	2 276	9 310	3 059	9 342	3 041
2013	11 282	3 671	11 237	4 337	7 696	2 662	10 021	3 136	10 059	3 452

资料来源：2001～2014 年《中国统计年鉴》

注：表中数据运用 GDP 平减指数进行调整（2000 年为基期）；"农村"一列为农村居民全年消费性支出，"城镇"一列为城镇家庭平均每人全年消费性支出，"长江上游地区"一列为 4 省（直辖市）的算术平均值

表 2-4　长江上游地区对外开放概况（2000～2013 年）

年份	重庆			四川			贵州			云南			长江上游地区		
	进出口/亿美元	FDI/亿美元	外向度	进出口/亿美元	FDI/亿美元	外向度	进出口/亿美元	FDI/亿美元	外向度	进出口/亿美元	FDI/亿美元	外向度	进出口/亿美元	FDI/亿美元	外向度
2000	18	66	0.43	25	101	0.27	7	15	0.18	18	48	0.27	68	230	0.29
2001	18	70	0.41	31	109	0.27	6	16	0.16	20	54	0.29	76	249	0.29
2002	18	69	0.36	45	120	0.29	7	19	0.17	22	61	0.30	92	268	0.29
2003	26	65	0.33	56	136	0.30	10	21	0.18	27	73	0.32	119	296	0.30
2004	39	72	0.34	69	140	0.27	15	22	0.18	37	79	0.31	160	313	0.28
2005	43	80	0.29	79	166	0.27	14	23	0.15	47	84	0.31	183	353	0.27
2006	55	93	0.30	110	199	0.28	16	26	0.14	62	107	0.34	243	425	0.28
2007	74	198	0.44	144	269	0.30	23	28	0.13	88	118	0.33	329	613	0.31
2008	95	238	0.40	221	421	0.35	34	32	0.13	96	141	0.29	446	833	0.32
2009	77	278	0.37	242	461	0.34	23	36	0.10	80	159	0.26	422	934	0.30
2010	124	349	0.40	327	544	0.34	31	41	0.11	134	179	0.29	617	1113	0.32
2011	292	452	0.48	477	574	0.32	49	57	0.12	160	206	0.27	978	1289	0.32
2012	532	537	0.59	591	640	0.33	66	77	0.13	210	226	0.27	1400	1480	0.35
2013	687	588	0.62	646	725	0.32	83	119	0.16	253	241	0.26	1669	1673	0.35

注：表中进出口和 FDI 数据来源于 2001～2014 年《中国统计年鉴》，为名义值；外向度由笔者根据经过汇率调整后的进出口与 FDI 之和除以 GDP 计算得出

表 2-5　长江上游地区三次产业结构概况（2000～2013年）

单位：%

年份	第一产业比重					第二产业比重					第三产业比重				
	重庆	四川	贵州	云南	长江上游地区	重庆	四川	贵州	云南	长江上游地区	重庆	四川	贵州	云南	长江上游地区
2000	17.8	23.6	27.3	22.3	22.8	41.4	42.4	39.0	43.1	41.5	40.8	34.0	33.7	34.6	35.8
2001	16.7	22.2	25.3	21.7	21.5	41.6	39.7	38.7	42.5	40.6	41.7	38.1	36.0	35.8	37.9
2002	16.0	21.1	23.7	21.1	20.5	42.0	40.7	40.1	42.6	41.4	42.0	38.2	36.2	36.3	38.2
2003	15.0	20.7	22.0	20.4	19.5	43.4	41.5	42.7	43.4	42.8	41.6	37.8	35.3	36.2	37.7
2004	16.2	21.3	21.0	20.4	19.7	44.3	41.0	44.9	44.4	43.7	39.5	37.7	34.1	35.2	36.6
2005	15.1	20.1	18.6	19.3	18.3	41.0	41.5	41.8	41.2	41.4	43.9	38.4	39.6	39.5	40.4
2006	12.2	18.5	17.2	18.7	16.7	43.0	43.7	43.0	42.8	43.1	44.8	37.8	39.8	38.5	40.2
2007	11.7	19.3	16.3	17.7	16.3	45.9	44.2	41.9	43.3	43.8	42.4	36.5	41.8	39.1	40.0
2008	11.3	18.9	16.4	17.9	16.1	47.7	46.3	42.3	43.0	44.8	41.0	34.8	41.3	39.1	39.1
2009	9.3	15.8	14.1	17.3	14.1	52.8	47.4	37.7	41.9	45.0	37.9	36.7	48.2	40.8	40.9
2010	8.6	14.4	13.6	15.3	13.0	55.0	50.5	39.1	44.6	47.3	36.4	35.1	47.3	40.0	39.7
2011	8.4	14.2	12.7	15.9	12.8	55.4	52.5	38.5	42.5	47.2	36.2	33.4	48.8	41.6	40.0
2012	8.2	13.8	13.0	16.1	12.8	52.4	51.7	39.1	42.9	46.5	39.4	34.5	47.9	41.1	40.7
2013	8.0	13.0	12.9	16.2	12.5	50.5	51.7	40.5	42.0	46.2	41.4	35.2	46.6	41.8	41.3

资料来源：2001～2014年《中国统计年鉴》

注："长江上游地区"一列为4省（直辖市）的算术平均值

（二）社会进步加快

长江上游地区在经济快速发展的同时，社会各方面也取得了长足进步，主要表现在下述几大方面。

一是城镇化进程较快（表2-6）。近年来，长江上游地区在经济快速发展的同时，城镇化进程也不断加快，城镇人口比重由2000年的27.4%提高到2013年的45.4%，提高了65.69%；建成区面积由2000年的1946km² 大幅提高至2013年的4804km²，增长了1.47倍。其中，2000年重庆、四川、贵州、云南4省（直辖市）人口城镇化率分别为35.6%、26.7%、23.9%和23.4%，2013年各自提高到58.3%、44.9%、37.8%和40.5%，人口城镇化率的提高幅度介于13.9个百分点和22.7个百分点之间；与此同时，各省市城镇建设也取得了快速发展，城镇建成区面积分别由2000年的324.3km²、991.7km²、291.7km²和338.1km²增长到2013年的1114.9km²、2058.1km²、695.4km²和935.8km²，分别增长了2.44倍、1.08倍、1.38倍和1.77倍。[①]

二是人口素质大幅提高（表2-7）。近年来，长江上游地区人口素质不断提高，文盲（半文盲）人口占15岁及以上人口比重由2000年的9.97%下降到2013年的7.59%，降低了2.38个百分点；每万人大专及以上人口数由2000年的230人提高到2013年的919人，提高了3倍左右。其中，重庆、四川、贵州、云南4省（直辖市）文盲率分别由2000年的6.95%、7.64%、13.89%和11.39%降低到2013年的4.81%、6.67%、10.44%和8.45%；每万人大专及以上人口分别由2000年的280人、247人、190人和201人增加到2013年的936人、1054人、909人和776人，分别提高了2.34倍、3.27倍、3.78倍和2.85倍。[①]

三是科技事业快速发展（表2-8）。重庆、四川、贵州、云南4省（直辖市）专利申请受理量分别由2000年的1780件、4496件、986件和1710件提高到2013年的12 221件、15 713件、3446件和2793件，各自增长了5.87倍、2.49倍、2.49倍和0.63倍；规模以上工业企业R&D人员全时当量在2013年达122 613人·年，占全国的4.92%，R&D经费投入387.39亿元，占全国投入总经费的4.66%，专利申请34 173件，占全国的6.09%。[①]

---

① 此部分原始数据来源于2001～2014年《中国统计年鉴》。

表2-6　长江上游地区城镇化概况（2000～2013年）

年份	重庆		四川		贵州		云南		长江上游地区	
	城镇化率/%	建成区面积/km²	城镇化率/%	建成区面积/km²	城镇化率/%	建成区面积/km²	城镇化率/%	建成区面积/km²	城镇化率/%	建成区面积/km²
2000	35.6	324.3	26.7	991.7	23.9	291.7	23.4	338.1	27.4	1946
2001	37.4	328.9	27.2	1092.8	24.0	304.1	24.9	343.8	28.4	2070
2002	39.9	437.9	28.2	1201.4	24.3	320.5	26.0	353.8	29.6	2314
2003	41.9	523.7	30.1	1357.4	24.8	348.1	26.6	410.5	30.8	2640
2004	43.5	514.3	31.1	1393.9	26.3	332.3	28.1	428.4	32.2	2669
2005	45.2	582.5	33.0	1442.9	26.9	371.9	29.5	472.4	33.6	2870
2006	46.7	631.4	34.3	1272.9	27.5	404.7	30.5	542.3	34.7	2851
2007	48.3	667.5	35.6	1328.4	28.2	395.8	31.6	578.4	35.9	2970
2008	50.0	708.4	37.4	1391.7	29.1	407.4	33.0	623.8	37.4	3131
2009	51.6	783.3	38.7	1509.5	29.9	460.3	34.0	666.6	38.5	3420
2010	53.0	870.2	40.2	1629.7	33.8	464.0	34.7	751.3	40.4	3715
2011	55.0	1034.9	41.8	1788.1	35.0	508.3	36.8	804.1	42.2	4135
2012	57.0	1051.7	43.5	1901.7	36.4	586.1	39.3	859.9	44.1	4399
2013	58.3	1114.9	44.9	2058.1	37.8	695.4	40.5	935.8	45.4	4804

资料来源:2001~2014年《中国统计年鉴》
注:长江上游地区城镇化率为4省(直辖市)算术平均值,其建成区面积则为各省(直辖市)之和

表 2-7　长江上游地区文盲率（2000～2013 年）

年份	重庆		四川		贵州		云南		长江上游地区	
	文盲率/%	每万人大专及以上人口/人	文盲率/%	每万人大专及以上人口/人	文盲率/%	每万人大专及以上人口/人	文盲率/%	每万人大专及以上人口/人	文盲率/%	每万人大专及以上人口/人
2000	6.95	280	7.64	247	13.89	190	11.39	201	9.97	230
2001	8.90	304	9.87	268	19.85	216	15.44	223	13.52	253
2002	10.31	335	13.55	375	18.74	352	23.10	199	16.43	315
2003	8.40	361	11.73	374	19.68	529	21.50	183	15.33	362
2004	12.28	364	11.53	362	16.98	447	16.37	384	14.29	389
2005	11.65	463	16.61	348	21.41	332	20.07	337	17.44	370
2006	9.70	449	12.56	451	18.79	272	16.50	310	14.39	371
2007	8.00	377	10.62	410	16.59	322	16.13	402	12.84	378
2008	7.80	424	10.24	435	14.58	350	13.29	351	11.48	390
2009	7.13	549	9.17	562	13.21	331	13.74	306	10.81	437
2010	4.30	864	5.44	668	8.74	529	6.03	578	6.13	660
2011	4.98	1151	7.21	830	12.24	824	8.71	698	8.29	876
2012	5.27	997	6.85	992	11.97	657	8.34	677	8.11	831
2013	4.81	936	6.67	1054	10.44	909	8.45	776	7.59	919

资料来源：2001～2014 年《中国统计年鉴》

注：文盲率数值出现一定波动的主要原因在于分析因时同内的统计口径各任各年不一致，一些年份为文盲率而另一些年份为文盲率和半文盲率之和；每万人大专及以上人口数在部分年份也有波动，原因在于抽样数据不够精确

表 2-8　长江上游地区科技事业发展概况（2000～2013 年）

地区	指标	2000年	2001年	2002年	2003年	2004年	2005年	2006年	2007年	2008年	2009年	2010年	2011年	2012年	2013年
重庆	专利申请/件	1 780	2 047	3 142	4 589	5 171	6 260	6 471	6 715	4 127	4 780	4 947	8 121	9 784	12 221
	科研人员/(人·年)	1 754	2 097	2 100	1 930	—	2 833	2 141	2 525	2 284	1 620	2 081	2 344	31 577	36 605
	R&D经费/万亿元	—	—	—	—	—	—	—	—	43.95	52.19	67.24	94.40	117.10	138.82
四川	专利申请/件	4 496	5 039	5 997	7 443	7 260	10 567	13 109	19 165	2 365	3 357	4 576	5 919	13 443	15 713
	科研人员/(人·年)	5 049	5 005	4 848	5 486	—	5 515	4 833	6 389	7 704	7 338	7 647	6 039	50 533	58 148
	R&D经费/万亿元	—	—	—	—	—	—	—	—	61.31	73.30	80.98	104.47	142.23	168.89
贵州	专利申请/件	986	950	1 260	1 242	1 486	2 226	2 674	2 759	906	1 222	1 302	2 034	2 794	3 446
	科研人员/(人·年)	1 724	1 682	1 635	1 633	—	1 604	1 423	1 399	682	1 456	1 505	1 615	12 135	16 049
	R&D经费/万亿元	—	—	—	—	—	—	—	—	14.10	17.77	21.78	27.52	31.51	34.25
云南	专利申请/件	1 710	1 793	1 780	1 966	2 132	2 556	3 085	3 108	411	585	757	1 728	2 404	2 793
	科研人员/(人·年)	3 622	3 493	3 431	3 518	—	4 834	3 495	3 589	3 652	3 449	3 131	4 025	12 321	11 811
	R&D经费/万亿元	—	—	—	—	—	—	—	—	11.18	13.12	18.07	29.93	38.44	45.43
合计	专利申请/件	8 972	9 829	12 179	15 240	16 049	21 609	25 339	31 747	7 809	9 944	11 582	17 802	28 425	34 173
	科研人员/(人·年)	12 149	12 277	12 014	12 567	—	14 786	11 892	13 902	14 322	13 863	14 364	14 023	106 566	122 613
	R&D经费/万亿元	—	—	—	—	—	—	—	—	130.54	156.38	188.07	256.32	329.28	387.39

资料来源：2001～2014 年《中国统计年鉴》；2012 年、2013 年的科学研究人员数据为 R&D 人员全时当量

注："—"表示无数据

（三）环境污染加重

作为全球最大的发展中国家，在经济高速增长的同时，生态环境也日趋恶化，长江上游地区也不例外。与此同时，近年来各省（直辖市）充分认识到生态环境在经济社会发展中的重要性，对自然环境都加大了保护力度。

一是工业"三废"排放总量降低（表2-9）。其中，2000年长江上游地区工业废水排放总量为257 038万t，2013年降低到163 057万t，年均下降3.44%；其中重庆、四川、贵州、云南4省（直辖市）工业废水排放总量2000年分别为84 344万t、116 979万t、20 598万t和35 117万t，到2013年分别变化到33 451万t、64 864万t、22 898万t和41 844万t，变化百分比在−60.34%和19.16%之间。该地区工业废气中SO_2排放量在2000年为262万t，到2013年增加至301.39万t，年均增加1.08%；其中重庆、四川、贵州、云南4省（直辖市）工业废气中SO_2排放量分别为66万t、99万t、64万t和32万t，2013年分别为54.77万t、81.67万t、98.64万t和66.31万t，从总量上看增加了，其中重庆和四川有所下降，而云南和贵州增加了。[1]

二是环境污染治理力度不断加强（表2-10）。2000年，长江上游地区工业治理污染投资额为20.99亿元，2013年达到70.18亿元（名义值），年均增长9.73%；但工业污染治理投资额占工业增加值比重明显降低了，由2000年的0.78%降低到2013年0.30%。其中，重庆、四川、贵州、云南4省（直辖市）工业污染项目完成投资额分别由2000年的3.35亿元、8.41亿元、2.37亿元和6.86亿元，增加至2013年的7.89亿元、18.84亿元、19.56亿元和23.89亿元，分别实现年均增长6.81%、6.40%、17.63%和10.07%；工业污染治理投资额占工业增加值比重分别由2000年的0.65%、0.73%、0.72%和0.97%降低到2013年的0.15%、0.16%、0.73%和0.63%。其中，各省（直辖市）用于污染治理的投入经费都大幅增长，不仅意味着近年来各地区治污意识和行动加强，同时也意味着近年来环境污染程度加重了。[1]

---

[1] 所有数据来源于2001～2014年《中国统计年鉴》。

表 2-9 长江上游地区工业废气、废水排放概况（2000～2013 年）

单位：万 t

年份	重庆		四川		贵州		云南		长江上游地区	
	废水	SO₂	废水	SO₂	废水	SO₂	废水	SO₂	废水	SO₂
2000	84 344	66	116 979	99	20 598	64	35 117	32	257 038	262
2001	81 214	57	114 920	94	20 812	57	32 713	29	249 659	238
2002	79 872	55	117 638	93	17 117	58	33 696	29	248 323	235
2003	81 973	61	120 160	105	16 815	57	34 655	38	253 603	261
2004	83 031	64	119 223	110	16 119	60	38 402	40	256 775	274
2005	84 885	68	122 590	114	14 850	66	32 928	43	255 253	291
2006	86 496	71	115 348	112	13 928	104	34 286	46	250 058	333
2007	69 003	68	114 687	102	12 101	92	35 352	45	231 143	307
2008	67 027	63	108 700	97	11 695	74	32 996	42	220 418	276
2009	65 684	59	105 910	95	13 478	62	32 375	42	217 447	257
2010	45 180	57	93 444	94	14 130	64	30 926	44	183 680	259
2011	33 954	53	80 420	83	20 626	90	47 228	64	182 228	290
2012	30 611	56.48	69 984	86.44	23 399	104.11	42 811	67.22	166 805	314.25
2013	33 451	54.77	64 864	81.67	22 898	98.64	41 844	66.31	163 057	301.39

资料来源：2001～2014 年《中国统计年鉴》

表 2-10 长江上游地区工业治理污染投资概况（2000～2013 年）

年份	重庆		四川		贵州		云南		长江上游地区	
	投资总额 /亿元	占工业增加值比重/%	投资总额 /亿元	占工业增加值比重/%	投资总额 /亿元	占工业增加值比重/%	投资总额 /亿元	占工业增加值比重/%	投资总额 /亿元	占工业增加值比重/%
2000	3.35	0.65	8.41	0.73	2.37	0.72	6.86	0.97	20.99	0.78
2001	2.63	0.47	3.54	0.28	1.60	0.44	3.47	0.47	11.24	0.39
2002	1.63	0.26	6.79	0.49	1.87	0.47	3.52	0.45	13.81	0.43
2003	1.42	0.19	9.91	0.62	2.54	0.54	4.48	0.51	18.35	0.50
2004	2.86	0.31	22.16	1.02	4.05	0.70	4.60	0.44	33.67	0.71
2005	3.91	0.38	20.04	0.79	5.93	0.83	6.75	0.57	36.63	0.67
2006	3.67	0.30	20.30	0.65	10.08	1.18	9.41	0.67	43.46	0.65
2007	3.67	0.23	20.30	0.52	10.08	1.00	9.41	0.55	43.46	0.53
2008	9.74	0.48	19.38	0.39	10.20	0.82	10.27	0.50	49.59	0.48
2009	7.07	0.24	9.62	0.17	8.95	0.71	9.49	0.45	35.13	0.29
2010	7.75	0.21	7.16	0.10	6.81	0.45	10.63	0.41	32.35	0.21
2011	4.94	0.11	16.65	0.18	13.20	0.72	13.73	0.46	48.52	0.26
2012	3.82	0.08	11.06	0.10	12.47	0.56	19.73	0.57	47.08	0.22
2013	7.89	0.15	18.84	0.16	19.56	0.73	23.89	0.63	70.18	0.30

资料来源：2001～2014 年《中国统计年鉴》

二、宏观环境

（一）中央高度重视西部地区发展

2010 年 10 月 18 日通过的《中共中央关于制定国民经济和社会发展第十二个五年规划的建议》中对区域协调发展高度重视，明确提出要"实施区域发展总体战略。坚持把深入实施西部大开发战略放在区域发展总体战略优先位置，给予特殊政策支持，发挥资源优势和生态安全屏障作用，加强基础设施建设和生态环境保护，大力发展科技教育，支持特色优势产业发展。加大支持西藏、新疆和其他民族地区发展力度，扶持人口较少民族发展"。"加快沿边地区开发开放，加强国际通道、边境城市和口岸建设，深入实施兴边富民行动"。

2012 年 11 月 8 日，胡锦涛同志在党的十八大报告中明确提出："继续实施区域发展总体战略，充分发挥各地区比较优势，优先推进西部大开发。"

2013 年 11 月 12 日通过的《中共中央关于全面深化改革若干重大问题的决定》（简称《决定》）则从进一步扩大内陆沿边开放的角度，对促进西部地区快速发展提出了新的要求。《决定》指出："扩大内陆沿边开放。抓住全球产业重新布局机遇，推动内陆贸易、投资、技术创新协调发展。创新加工贸易模式，形成有利于推动内陆产业集群发展的体制机制。支持内陆城市增开国际客货运航线，发展多式联运，形成横贯东中西、联结南北方对外经济走廊。推动内陆同沿海沿边通关协作，实现口岸管理相关部门信息互换、监管互认、执法互助。加快沿边开放步伐，允许沿边重点口岸、边境城市、经济合作区在人员往来、加工物流、旅游等方面实行特殊方式和政策。建立开发性金融机构，加快同周边国家和区域基础设施互联互通建设，推进丝绸之路经济带、海上丝绸之路建设，形成全方位开放新格局。"

（二）国内外产业向西部地区大转移

近年来，新一轮大规模国际产业转移方兴未艾，承接区域为亚太地区。与此同时，国内沿海地区在此国际产业大转移机遇下，不断承接国际上转移过来的先进制造业，同时将劳动密集型为代表的传统工业向中西部地区转移，以实现产业优化升级。中国广播网报道显示（冯雅，2012），西部地区近年来在承接东部地区产业转移方面取得了显著成效，主要体现在四大方面。一是产业转移规模明显扩大，比如，重庆2009～2011年实际利用内资年均增速超过80％，2011年高达4920亿元；四川2007～2011年实际利用内资年均增长37％，2011年达到7083亿元；云南"十一五"期间实际利用内资超过4000亿元，是"十五"期间的7.79倍。二是产业转移层次明显提升，西部地区承接的产业转移逐步由以纺织、服装为主的劳动密集型产业向以机械、电子信息为主的资本、技术密集型产业转变，以能源、矿产资源采掘为主的初加工项目向资源精深加工项目转变。三是产业转移方式不断创新，从以往自发的、零星的、分散的、小规模的产业转移方式逐步向产业链、产业集群和园区共建等多种有组织的新方式转变。四是产业转移示范区建设稳步推进，近年来国家发展和改革委员会先后批准设立了广西桂东、重庆沿江、宁夏银川三个承接产业转移示范区。其中，重庆沿江产业转移示范区2011年1月设立，当年就实现利用内资总额1222亿元，比上年增长了92.6％，相当于"十一五"时期五年的总额。另据陈雪琴（2015）的调查研究，2009年以来中国国内区域间的产业转移持续向西部地区推进，"从西部地区典型省份来看，2009～2013年四川省累计引进境内省外资金3.3万亿元。重庆市近5年内累计引进境内省外资金2.1万亿元，比前5年引进资金总和增长10多倍。而陕西省近5年内累计引进境内省外资金1.44万亿元，逐步形成了以专业产业园区的形式而承接产业链或产业集群整体转移态势。中西部地区利用的省外资金中，有60％以上均来自东部发达地区"。

（三）各级政府高度重视生态文明建设

改革开放30多年来，中国经济在快速增长的同时，面临着自然资源约束趋紧、环境污染日趋严重、生态系统退化严峻等形势。为促进经济社会可持续发展，必须走一条资源节约、环境友好的经济发展道路。2012年11月，在党的十八大报告中明确提出"大力推进生态文明建设"的战略决策，并从十个方面描绘了我国生态文明建设的宏伟蓝图。十八届三中全会公报指出："建设生态文明，必须建立系统完整的生态文明制度体系，用制度保护生态环境。要健全自然资源资产产权制度和用途管制制度，划定生态保护红线，实行资源有偿使用制度和生态补偿制度，改革生态环境保护管理体制。"2015年4月25日，《中共中央国务院关于加快推进生态文明建设的意见》出台，分别从总体要求，强化主体功能定位、优化国土空间开发格局，推动技术创新和结构调整、提高发展质量和效益，全面促进资源节约循环高效使用、推动利用方式根本转变，加大自然生态系统和环境保护力度、切实改善生态环境质量，健全生态文明制度体系，加强生态文明建设统计监测和执法监督，加快形成推进生态文明建设的良好社会风尚和切实加强组织领导等九个部分就全国生态文明建设做出了战略性部署，提出"到 2020 年，资源节约型和环境友好型社会建设取得重大进展，主体功能区布局基本形成，经济发展质量和效益显著提高，生态文明主流价值观在全社会得到推行，生态文明建设水平与全面建成小康社会目标相适应"。与此同时，各地方政府亦就生态文明建设提出了一系列实际措施，并取得了比较显著的成效。比如，重庆直辖以来，历届市委、市政府都十分重视生态建设，先后出台了《关于贯彻〈中共中央、国务院关于加快林业发展的决定〉的实施意见》《关于加快推进集体林权制度改革的意见》《长江两岸生态屏障区建设规划》等。经过多年实践，重庆市环境质量逐步改善，如三峡库区水质总体保持稳定，在全国七大水系中处于最好水平；森林资源持续增长，近年来实现了林地面积、森林面积和森林蓄积量"三增长"；生态文化基地建设稳步推进，截止到 2012 年年底，累计建成了龙头寺森林公园、重庆园博园等 257 个森林工程项目，15 个环保模范区和 58 个自然保护区。

三、总体趋势

经过多年的快速发展，长江上游地区经济社会发展水平都取得了长足进步。然而，与国内沿海地区相比，其发展差距仍然很大，具有较大经济增长潜力。这主要体现在下述几大方面。

一是资源开发潜力巨大。其中，云南因矿产储量大、矿种全、经济价值高，被誉为中国的"有色金属王国"，全省已发现矿产 142 种，占全国发现矿种 168 种的 84.5%，已探明储量 92 种，有 54 种矿产保有储量居全国前 10 位，有 25 种金属和非金属矿产保有储量排在全国前 3 位，而已开发利用的矿产只有 74 种，只占已发现矿种的 1/2 左右。再如贵州，地处西南山区腹地，矿产资源丰富，已查明的矿产种类达 127 种，已探明的有 78 种。其中，含煤面积占总面积的

40％以上，是全国重要的能源资源输出地之一，煤矿总量超过南方12个省（自治区、直辖市）煤炭储量的总和，以"西南煤海"著称。目前，贵州已初步建成我国南方的煤化工产业基地，发展潜力巨大。四川是中国矿产资源丰富的省份之一，迄今已发现矿产123种，探明储量的有89种，其中45种在全国名列前5位。重庆也是自然资源丰富的地区，现已发现并开采的矿产有40余种，已发现矿种约占世界已知矿种的27％，探明储量的矿产有25种，特别是煤、天然气、铝土矿、盐矿、锶矿、锰矿和钡矿等的储量、品位在全国都有明显优势。其中，天然气是全国重点开采的大矿区，铝土矿、岩盐、锶矿储量均居全国第一，锰矿和钡矿储量分别居全国第二和第三。另外，长江上游地区水流落差大，水能资源丰富，比如长江上游金沙江流域水资源总量为1565亿 m^3。

二是城镇化处于加速时期。根据发达国家的城市化经验，城市化率在30％～70％是加速城市化的时期，而2013年长江上游地区4省（直辖市）城镇化率为37.8％～58.3％。这与发达国家高城镇化率（80％左右，如2013年美国为83％，日本为91％）相比还存在巨大的上升空间。城镇化过程主要体现为人口向城镇集中，进而伴随着城镇经济规模扩大和城镇建成区面积扩张。一般来说，城镇化会通过多种渠道促进经济增长。首先，在人口城镇化的过程中，随着劳动力人口的乡城迁移，劳动力由生产率较低的农业转向生产率较高的工业、建筑业和服务行业，这种劳动力就业结构的变动促进了劳动力生产率的提高。其次，城镇化还会吸引受教育程度较高的劳动力聚集在城镇，这对研发提供了必要的人员支撑，既推动了技术进步又提高了熟练劳动力数量，二者都会促进经济增长。最后，城镇化通过扩张需求引致经济增长。一方面，人口向城镇集中增加了对基础设施、住房、公用事业和社会项目的需求，这为相关行业的发展注入新的动力；另一方面，人口向城镇的大规模集中催生各种消费需求与日俱增，这也会大幅促进经济增长。据中国经济网北京2月18日讯，1982～2011年，我国城镇化率每提高1％，就会带动中国GDP 1年内增长0.8％，5年内增长3.5％（哈继铭，2013）。

三是产业结构优化升级空间大。目前，长江上游地区仍然处于工业化中期阶段，多数工业行业都属于劳动密集型、资本密集型，而技术密集型产业相对较少，产业结构水平相对较低，这在云南和贵州两省表现得更为突出。经济发展理论及经验表明，产业结构优化升级是拉动经济增长的重大动力，这主要体现在下述几个方面。首先，科学的产业结构调整伴随着劳动力、土地、资本等生产要素的优化配置，这会提高综合要素生产率从而促进经济增长。其次，产业结构优化升级伴随着行业结构变动，不仅会通过淘汰落后产能优化行业结构，而且往往表现为产品从低附加值向高附加值转变，行业由劳动密集型向资本密集型、技术密集型演变，生产方式由粗放型向集约型转变，从而产业整体素质得以提升。最后，产业结构优化升级中往往伴随着产业创新能力和技术水平的提高，这是推动全要素生产率提高的重要途径。

四是经济发展模式转型空间大。改革开放30多来来，长江上游地区经济快速发展的历程是一条粗放型的经济发展道路，经济增长的主要源泉是要素投入积累而不是全要素生产率提高。发达国家的经历表明，在经济发展的不同阶段，要素投入和全要素生产率在经济增长中的相对贡献大小存在更替的现象，即经济发展水平相对落后阶段投入要素积累起主要促进作用，而一旦经济发展水平提高，全要素生产率的贡献作用就居于主导地位。目前，长江上游地区经济增长模式主要体现为高投入、高消耗的粗放型经济增长，其全要素生产率水平普遍低下，具有极大的提升空间。在未来一段时期内，通过推进技术进步和提高技术效率来提高全要素生产率，这种经济发展方式的转变将逐步取代投入要素积累在经济增长中的主导地位，从而继续推动地区经济快速增长。

五是潜在的后发优势明显。作为经济发展后发地区，长江上游地区与沿海地区相比存在一系列潜在的后发优势，它们在适宜的条件下将助推其经济快速增长。第一，根据物质资本的规模报酬递减规律，长江上游地区物质资本相对匮乏，其高的投资回报率将吸引大批内资和外资聚集，从而拉动经济增长，这从当前国际国内产业向西部地区大转移的经济现实中可见一斑。第二，从技术进步这个角度而言，长江上游地区由于技术存量水平相对低下，它们通过引进、消化吸收相关先进技术的空间较大。第三，由于该区域产业结构水平不高，在优化升级中将带动生产率提高从而促进经济增长。第四，在人力资源上，该区域虽然人口具有较大规模，但是人力资本水平相对较低，因此通过教育、培训和引进人才来提高人力资本水平的空间较大，而这毫无疑问会促进经济快速增长。第五，该区域在各种制度革新方面也存在后发优势，它们可以借鉴相对发达地区的经济增长经验或吸取其曾经的失败教训，避免或少走弯路，这也将在短期内促进经济增长。总之，由于该区域在资本、技术、人力、结构和制度等方面都存在潜在的后发优势，只要处理得当，这种潜在优势将转变为现实优势，从而推动经济增长。

第二节　长江上游地区工业化进程综合评价

一、工业化的内涵

工业化是发展中经济向发达经济迈进的必经阶段，只有充分了解了一个地区的工业化进程，才能更有效地实施工业化战略，促进地区经济社会现代化。西方工业化理论的系统研究缘起于德国历史学派弗里德里希·李斯特，特别是20世纪中叶以来，随着世界殖民体系土崩瓦解和第二次世界大战后大批国家独立，落后国家和地区经济社会快速发展的需求高涨，加上统计制度和统计数据的不断完善，以发展经济学为代表的学术界就欠发达国家（或地区）的工业化问题进行了广泛而深入的研究，工业化也逐渐被看作经济发展和国家富强的重要途径。

对于工业化的内涵，学者们从不同的研究角度提出了自己的看法。比如，库兹涅茨（1989）从资源转换角度认为，工业化是"产品的来源和资源的去向从农业生产活动转向非农业生产活动的过程"。钱纳里（1989）从结构转变的角度认为，工业化"一般可以由国内生产总值中的制造业份额来度量"，郭克莎和周叔莲（2002）也从这个角度认为，工业化是指一国通过发展制造工业，并用它去影响和装备国民经济其他部门，使国家有农业国变为工业国的过程。张培刚（1991）从社会生产方式变革的角度认为，"工业化是国民经济中一系列基要生产函数（或生产要素组合方式）连续发生由低级向高级的突破性变化（或变革的过程）"，其涵盖了整个经济领域中包括制度在内的所有生产促进影响因素变化。当前，学术界一般都认为，工业化是一国（或地区）随着工业发展、人均收入和经济结构发生连续变化的过程，在这个过程中工业（特别是制造业）

或第二产业产值（或收入）在国民生产总值（或国民收入）中的比重，以及工业就业人数在总就业人数中的比重都不断上升，同时伴随着人均收入增长和经济结构转换，以及农村城市化和服务业的发展。伊特韦尔等（1996）、库兹涅茨（1999）等认为，工业化主要有下述五个方面的特征：一是国民收入中制造业产出所占比例逐步提高；二是制造业内部的产业结构不断升级，技术含量不断提高；三是制造业部门就业人口比例不断增加；四是城市化不断推进，城镇规模不断扩大，城镇化率不断提高；五是经济中人均收入水平不断增加。

二、工业化进程的量化指标及方法

前面有关工业化的内涵研究成果表明，工业化是一个国家或地区工业发展和其所引起的经济结构升级、人均收入水平上升等社会经济转变的一个持续不断的过程。具体表现为：人均收入水平的上升；人口向进行集中生产的城镇体系集中；劳动力从农业转向非农业，农业产值下降，非农产业产值上升；加工制造业的量与质不断发展。因此，可以从经济发展水平、空间结构、就业结构、产业结构和工业结构这五个方面来衡量一个国家或地区的工业化水平。

现今众多研究就工业化进程和工业化水平进行了广泛研究。在工业化进程评价指标研究上，韩兆洲（2002）从工业化进程的定义出发对工业化水平测度指标进行了归纳和实证；陈元江（2005）等对经典工业化进程测度指标进行了理论及实证评价，并建立了基于中国国情的工业化测度指标体系；贾百俊等（2011）从理论梳理角度整理了国内外学者的工业化进程量化指标。在中国工业化水平研究上，郭克莎（2000a）以人均收入水平为主，辅以三次产业结构和工业内部结构分析了中国的工业化进程，并探讨了中国工业化的问题和出路；袁志刚和范剑勇（2003）从劳动力转移角度对 1978 年中国的工业化进程和区域差异进行了分析研究；陈佳贵等（2006）以经典工业化理论为基础，从经济发展水平、产业结构、工业结构、就业结构和空间结构等方面来衡量一个国家或地区的工业化水平，并对中国省级区域 1995～2004 年的工业化水平进行了系统性评价，在此基础上探讨了中国工业化进程的地区结构和工业化的动力。

考虑到中国国家和地方统计年鉴的统计制度和统计内容，以及指标的代表性和可比性，本书主要参照陈佳贵等（2006）在《中国地区工业化进程的综合评价和特征分析》一文中的研究成果，选用如下指标构建工业化水平评价指标体系：用人均 GDP 度量经济发展水平，用三次产业产值比度量产业结构，用工业增加值占比度量工业效益，用第一产业就业占比度量就业结构，用人口城镇化率度量空间结构。同时参照钱纳里（1989）、陈佳贵等（2006）、甄江红等（2014）的划分方法，以及相关理论和国际经验来确定工业化不同阶段的标志值（表 2-11）。根据表 2-11 关于工业化水平的衡量指标体系和阶段标志值，我们借用加权合成法这一传统评价法来构造工业化水平的综合评价指数 ID，见式（2-1）。

$$ID = \sum_{i=1}^{n} \lambda_i w_i / \sum_{i=1}^{n} w_i \tag{2-1}$$

式中，ID 表示地区或省市工业化水平的综合评价值；λ_i 表示第 i 个指标的评价值；w_i 表示第 i 个指标的权重（由层次分析法生成）；n 表示评价指标的个数。

表 2-11　工业化不同阶段的标志值

基本指标		前工业化阶段（1）	工业化实现阶段			后工业化阶段（5）
			工业化初期（2）	工业化中期（3）	工业化后期（4）	
人均GDP	1964 年美元	100～200	200～400	400～800	800～1 500	1 500 以上
	1996 年美元	620～1 240	1 240～2 480	2 480～4 960	4 960～9 300	9 300 以上
	2012 年美元	850～1 700	1 700～3 390	3 390～6 780	6 780～12 720	12 720 以上
产业结构		A>I	A>20%，A<I	A<20%，I>S	A<10%，I>S	A<10%，I<S
第二产业占比		20%以下	20%～40%	40%～50%	50%～60%	60%以上
第三产业就业比		60%以上	45%～60%	30%～45%	10%～30%	10%以下
城市化率		30%以下	30%～50%	50%～60%	60%～75%	75%以上

注：1964 年与 1996 年的换算因子为 6.2，参见：郭克莎，2000b；1996 年与 2012 年的换算因子为 1.368，系作者根据美国经济研究局（2014 年 4 月）提供的美国实际 GDP 数据推算，参见：http：//www.bea.gov/national/index.htm#gdp；A、I、S 分别代表第一、第二和第三产业占 GDP 的比重

资料来源：根据陈佳贵等（2006）、甄江红等（2014）的有关资料整理得到

然后，再利用主成分分析法对结果进行检验。具体研究路径如下：第一，

数据整理，即搜集长江上游地区有关工业化评价指标体系的具体指标数值；第二，对选定的指标进行指标同向性和无量纲处理，计算出其评价值；第三，运用层次分析法计算出各个指标的权重；第四，运用加权合成法计算出综合评价值；第五，运用主成分分析法对综合评价结果进行检验。

三、数据整理与权重计算———————————————————

　　长江上游地区工业化研究的相关数据主要来自重庆、四川、云南和贵州这 4 个省（直辖市）1997～2012 年的统计年鉴。其中，对于贵州和云南在 1997～ 1999 年人口城镇化率的异常值，本书采用三次方的多项式，以 2000～2012 年的数据为基础进行倒推，多项式趋势线的拟合度分别为 0.9824 和 0.9960。此外，在汇率的选择上，本书借用陈佳贵等（2006）的方法，选用汇率和购买力平价的均值对长江上游地区各年的 GDP 数值进行折算，其中汇率为由中经网统计数据 1997～2012 年的月期末汇率求得的当年年平均汇率，购买力平价值由世界银行数据库的相关数据确定。最后计算整理出了长江上游地区 1997～2012 年整体的工业化相关数据（表 2-12）。

　　阶段阈值法可以对指标进行无量纲化，准确反映工业化各阶段特征。其基本假设如下：在同一工业化阶段内，某一指标反映的工业化进程与指标变化之间是线性对应关系，见式（2-2）[①]。

$$
\begin{cases}
\lambda_{ik} = (j_{ik}-1) \times 33 + (X_{ik}-\min_{ij}) / (\max_{ij}-\min_{ij}), & (j_{ik}=2, 3, 4) \\
\lambda_{ik}=0, & (j_{ik}=1) \\
\lambda_{ik}=100, & (j_{ik}=5)
\end{cases}
\tag{2-2}
$$

式中，i 代表第 i 个指标；k 代表第 k 个地区；j_{ik} 为 k 地区 i 指标所处的阶段（1～5），其取值区间为 1～5；$\min_{ij}$ 为 i 指标在 j 阶段的最小参考值；$\max_{ij}$ 为 i 指标在 j 阶段的最大参考值；X_{ik} 为 k 地区 i 指标的实际值；λ_{ik} 为 k 地区 i 指标的评测值，如果处于第一阶段，则 $\lambda_{ik}=0$（即 k 地区 i 指标才处于前工业化阶段标准），如果处于第五阶段，则 $\lambda_{ik}=100$，即 k 地区 i 指标已达到后工业阶段。

[①]　陈佳贵，黄群慧，钟宏武 . 2006. 中国地区工业化进程的综合评价和特征分析 . 经济研究，（6）：8.

表 2-12　长江上游地区工业化测度相关数据（1997～2012 年）

年份	GDP			三次产业产值比/%			工业增加值占比/%	人口城镇化率/%	第一产业就业占比/%
	GDP/亿元	人均GDP/元	汇率-购买力评价法/美元	一	二	三			
1997	7 083.67	3 694.80	660.12	26.07	40.07	33.87	34.27	19.78	65.25
1998	7 604.37	3 928.89	708.63	24.74	39.72	35.54	33.19	20.97	64.98
1999	7 978.43	4 085.85	742.36	23.65	38.69	37.66	32.06	21.94	64.49
2000	8 572.47	4 470.69	811.24	22.55	38.28	39.17	31.49	23.20	62.62
2001	9 330.75	4 895.94	889.03	21.39	38.17	40.44	31.12	24.06	64.37
2002	10 271.27	5 379.20	979.03	20.55	38.27	41.18	31.03	24.97	63.10
2003	11 588.20	6 027.61	1 095.47	19.51	39.29	41.20	31.97	26.01	61.83
2004	13 832.10	7 203.35	1 296.09	19.78	40.23	39.98	32.95	27.38	60.81
2005	16 319.97	8 504.41	1 538.90	18.28	40.35	38.84	33.37	32.71	59.77
2006	18 924.59	9 882.29	1 821.29	16.72	42.11	38.49	35.10	33.91	57.68
2007	22 895.15	11 993.90	2 257.49	16.59	42.51	37.48	35.84	35.13	56.32
2008	27 648.57	14 463.58	2 854.04	16.31	43.70	36.32	37.10	36.67	54.63
2009	30 763.72	16 062.93	3 219.59	14.51	46.22	39.26	38.80	37.88	53.30
2010	36 937.40	19 430.43	3 852.98	13.27	48.88	37.85	41.29	39.66	51.49
2011	45 633.01	23 931.07	4 802.04	13.07	49.41	37.52	41.65	41.37	50.26
2012	52 444.07	27 365.55	5 575.51	12.94	48.44	38.62	40.42	43.28	48.57

注：长江上游地区 GDP 数据为《中国统计年鉴》名义 GDP 水平加总；人民币直接汇率为中经网统计数据库 1997～2012 年当年月末汇率年平均值；PPP 平价折算比率按照世界银行现价国际元 GNI 与中经网统计数据库 GNI 数据推算；三次产业产值结构数据和工业增加值数据来自中经网统计数据库，为当年价格；人口城镇化率为常住人口占比；第一产业就业人数由第一产业就业率和就业人口推算出

　　其计算过程如下：首先确定某一地区某指标所处的工业化阶段；其次按照上述公式计算其评测值。对于工业化进程综合评价指标权重的确定本书采用层次分析法确定，根据陈佳贵等（2006）选用的专家意见构造基于新指标体系的比较判断矩阵（表 2-13）。

表 2-13　地区工业化各指标判断矩阵

地区工业化指标	人均GDP	三次产业产值比	工业增加值占比	人口城镇化率	第一产业就业比
人均GDP	1	2	2	3	4
三次产业产值比	1/2	1	1	2	3
工业增加值占比	1/2	1	1	2	3

续表

地区工业化指标	人均GDP	三次产业产值比	工业增加值占比	人口城镇化率	第一产业就业比
人口城镇化率	1/3	1/2	1/2	1	2
第一产业就业比	1/4	1/3	1/3	1/2	1

注：如果I与J同样重要，标度值为1；如果I比J稍重要，标度值为3；如果I比J相当重要，标度值为5；如果I比J非常重要，标度值为7；如果I比J极端重要，标度值为9；重要性在上述表述之间，标度值分别为2、4、6、8；两两相比，若前者比上后者取上述值，而后者比上前者取其倒数

各指标相应权重见表2-14，从中可以看出，就衡量地区工业化的重要性而言，处于首位的是经济发展水平，其次是经济结构和工业结构，再次是人口城镇化水平，最后是就业结构。

表2-14 地区工业化指标权重

指标	人均GDP	三次产业产值比	工业增加值占比	人口城镇化率	第一产业就业占比
权重/%	36	22	22	12	8

四、总体评价与结果分析

（一）工业化进程指数计算

以陈佳贵等（2006）的工业化阶段具体划分标准（表2-15），得出长江上游地区工业化进程研究结果（表2-16）。

表2-15 工业化阶段及对应综合指数值

工业化阶段	前工业化	工业化初期	工业化中期	工业化后期	后工业化
工业化综合指数/%	0	（0，33）	［33，66）	［66，99）	［100，+∞）
符号表示	一	二	三	四	五

（二）结果分析

1. 整体水平与区域结构

自1997年重庆直辖到2012年，长江上游地区整体工业化水平综合指数由14.87%上升到59.93%，从工业初期的前半段进入工业化中期的后半段，经历了一个快速的工业化过程。内部4省（直辖市）由于发展基础和政策的差异，它们的工业化进程呈现出明显的差异性，发展不均衡，大致呈现出一个小雁行阵，重庆在工业化进程中处于领先地位，四川、云南、贵州依次位列于后。

表 2-16　长江上游地区工业化进程判断（1997～2012 年）

年份	长江上游地区 综合指数/%	工业化进程	重庆 综合指数/%	工业化进程	四川 综合指数/%	工业化进程	云南 综合指数/%	工业化进程	贵州 综合指数/%	工业化进程
1997	14.87	二（Ⅰ）	21.48	二（Ⅱ）	14.87	二（Ⅰ）	14.93	二（Ⅰ）	14.76	二（Ⅰ）
1998	14.88	二（Ⅰ）	28.55	二（Ⅱ）	14.88	二（Ⅰ）	14.93	二（Ⅰ）	14.79	二（Ⅰ）
1999	14.87	二（Ⅰ）	28.59	二（Ⅱ）	17.52	二（Ⅱ）	14.90	二（Ⅰ）	14.79	二（Ⅰ）
2000	14.88	二（Ⅰ）	28.63	二（Ⅱ）	17.54	二（Ⅱ）	14.89	二（Ⅰ）	14.81	二（Ⅰ）
2001	14.87	二（Ⅰ）	28.67	二（Ⅱ）	17.52	二（Ⅱ）	14.89	二（Ⅰ）	14.81	二（Ⅰ）
2002	14.88	二（Ⅰ）	40.61	三（Ⅰ）	17.54	二（Ⅱ）	14.89	二（Ⅰ）	14.82	二（Ⅰ）
2003	21.94	二（Ⅱ）	40.71	三（Ⅰ）	17.55	二（Ⅱ）	21.95	二（Ⅰ）	14.87	二（Ⅰ）
2004	21.94	二（Ⅱ）	40.77	三（Ⅰ）	17.56	二（Ⅱ）	21.95	二（Ⅰ）	14.89	二（Ⅰ）
2005	40.47	三（Ⅰ）	40.86	三（Ⅰ）	33.48	二（Ⅱ）	21.95	二（Ⅰ）	21.99	二（Ⅱ）
2006	40.60	三（Ⅰ）	48.07	三（Ⅰ）	40.66	三（Ⅰ）	37.86	三（Ⅰ）	22.03	二（Ⅱ）
2007	40.72	三（Ⅰ）	43.73	三（Ⅰ）	40.76	三（Ⅰ）	37.96	三（Ⅰ）	22.04	二（Ⅱ）
2008	40.88	三（Ⅰ）	66.27	四（Ⅰ）	40.97	三（Ⅰ）	38.06	三（Ⅰ）	34.01	三（Ⅰ）
2009	41.03	三（Ⅰ）	73.51	四（Ⅰ）	59.65	三（Ⅱ）	38.10	三（Ⅰ）	34.06	三（Ⅰ）
2010	59.73	三（Ⅱ）	73.67	四（Ⅰ）	62.37	三（Ⅱ）	38.26	三（Ⅰ）	38.14	三（Ⅰ）
2011	59.85	三（Ⅱ）	85.36	四（Ⅱ）	62.51	三（Ⅱ）	52.48	三（Ⅱ）	38.30	三（Ⅰ）
2012	59.93	三（Ⅱ）	85.42	四（Ⅱ）	62.60	三（Ⅱ）	52.57	三（Ⅱ）	49.89	三（Ⅱ）

注：表中所有数据为笔者计算得出；为了进一步细分各个工业化阶段，用符号"Ⅰ"表示前半段（综合指数小于该阶段中间值），"Ⅱ"表示后半段（综合指数大于该阶段中间值）。于是，"二（Ⅰ）"就表示该地区处于工业化初期的前半段。

从 2012 年的截面数据（表 2-16）来看，重庆处于工业化后期的后半段，其他三省处于工业化中期的后半段。从 2004 年的截面数据来看，重庆处于工业化中期的前半段，四川、云南处于工业化初期的后半段，贵州处于工业初期的前半段，这（重庆市除外）与陈佳贵等（2006）研究判断结果一致。从 1997 年的截面数据来看，因为重庆是全国六大老工业城市之一，其工业化水平处于工业化初期的后半段，其他三省则工业基础相对薄弱，处于工业化初期的前半段。

对比陈佳贵等（2006）类似分析框架对中国省域工业化进程的研究成果，长江上游地区工业化进程的整体水平在 2012 年才达到山东省 2004 年（综合指数 51%）的水平。2004 年，上海（综合指数 100%）、北京（综合指数 100%）、天津（综合指数 94%）（陈佳贵等，2006）也超过长江上游地区工业化进程最高的重庆 2012 年（综合指数 85.42%）的水平。这说明长江上游地区工业化发展还处于欠发达水平，任重而道远。

通过区域结构分析可以看到，未来长江上游地区工业化的快速推进将主要依靠人口和面积分别占地区 66.45% 和 77.32% 的四川和云南的快速工业崛起，也依赖于重庆工业发展高度化所带来的正外溢效应和贵州工业发展水平的成长。按照目前的发展速度预测，未来长江上游地区将形成成渝为核心的重庆四川两个工业经济高地，长江上游地区的工业化水平将继续提高。

2. 工业化进程的速度

1997～2012 年的 16 年中，长江上游地区都处在一种加速工业化的过程。依据表 2-16 中长江上游地区工业化综合指数值及其变化将该地区工业化进程大致分为两个阶段，以 2005 年为分界年份。如表 2-17 所示，虽然三省一直辖市增长速度不一，但是四个地区工业化综合指数都在持续提高。如果将各地区 2005～2012 年工业化均速与 1997～2005 年工业化均速做比较，可以认为四个地区的工业化综合指数都在加速增长。但是从中可以发现，重庆的工业化速度始终快于其他三省，证明长江上游地区工业化差距的缩小是一个艰辛而又漫长的过程；可喜的是，云南、贵州的工业化速度提高了 4～6 倍，大大加快了工业化进程，云南省在 2005～2012 的工业化均速甚至超过了四川，这些变化使得地区间工业化差距的缩小存在可能。

表 2-17　长江上游各地区工业化速度（1997～2012 年）

地区	综合指数/%			工业化年均增长速度/%		
	1997 年	2005 年	2012 年	1997～2012 年	1997～2005 年	2005～2012 年
重庆	21.48	40.86	85.42	4.26	2.42	6.37
四川	14.87	33.48	62.60	3.18	2.33	4.16
云南	14.93	21.95	52.57	2.51	0.88	4.37
贵州	14.76	21.99	49.89	2.34	0.90	3.99

注：表中所有数据为笔者计算得出

3. 阶段性驱动因素

1997～2012 年，整体说来，长江上游地区工业化进程的主要表现为人均产出的持续增长。1997～2005 年，产业结构优化升级是另一个地区工业化进程的主要表现，而这一时期工业结构指标的贡献甚至是负值。2005～2012 年，产业结构升级被工业效益提高替代，工业经济的发展成为推进地区工业化进程的主要表现。同时，各个省（直辖市）又各自呈现出不同的特征。

表 2-18 反映了各个工业化指标指数的变化对地区工业化综合指数增长的贡献度，分析发现，1997～2012 年，长江上游地区工业化综合指数累计提高了 45.06 个百分点，其中地区工业化综合指数各构成因子的相对贡献由大到小依次为：人均 GDP（53.24%）、三次产业产值比（16.07%）、工业效益（15.73%）、城市化率（8.96%）、产业就业比（5.99%）。在量上，16 年来长江上游地区的工业化进程主要表现为人均收入的持续增长、三次产业结构的不断优化、工业经济的增长，而城市化进程和产业就业结构改善进展缓慢、相对贡献较小。

剔除人均 GDP 指标，通过表 2-18 对长江上游地区内部三省一市研究发现：四川省的工业化进程在产业劳动力转移和优化方面做得相对较好，四川省依靠的动力已经逐步转为工业经济的发展和产业结构的升级；云南和贵州的工业化进程更倾向于依赖人口城镇化的发展，它们在产业结构和工业经济发展上还有很大改进空间；重庆的表现相对来说较均衡，除了产业结构升级和工业发展，也比较注重人口城镇化的提高和产业就业的升级，但是，相对于发达省（自治区、直辖市）的结构也有待进一步提升和优化。

整体来说，长江上游地区的基本特征是人均 GDP 水平和工业经济持续加速发展，产业升级、就业优化、城镇化推进逐步放缓。可以预见，在下一个阶段，将第一产业联动工业、服务业发展，推进农村、农业人口的城镇化、非农化、将成为进一步提升长江上游地区工业化进程的重点拓展空间与主要支撑。

表 2-18 各指标对地区工业化综合指数的贡献度（1997～2012 年）

时期	地区	人均GDP/%	三次产业产值比/%	工业效益/%	城市化率/%	产业就业比/%	工业化指数累计增加值/%
1997～2012年	长江上游地区	53.24	16.07	15.73	8.96	5.99	45.06
	重庆	55.85	22.43	11.22	6.32	4.18	63.93
	四川	50.36	15.14	14.93	8.47	11.10	47.74
	云南	63.44	18.99	−0.16	10.67	7.06	37.64
	贵州	67.82	20.77	0.02	11.38	0.00	35.13
1997～2005年	长江上游地区	46.45	27.82	−0.12	15.53	10.32	25.60
	重庆	62.27	37.11	−0.12	0.44	0.30	19.37
	四川	64.03	0.28	−0.12	21.38	14.43	18.61
	云南	0.00	100.75	−0.75	0.00	0.00	7.03
	贵州	0.00	99.32	0.68	0.00	0.00	7.22
2005～2012年	长江上游地区	62.18	0.60	36.58	0.33	0.31	19.46
	重庆	53.06	16.05	16.15	8.87	5.87	44.56
	四川	41.63	24.64	24.55	0.22	8.97	29.13
	云南	78.01	0.22	−0.02	13.12	8.68	30.61
	贵州	85.38	0.44	−0.15	14.33	0.00	27.91

注：表中所有数据为笔者计算得出

五、小结

本节基于经典工业化理论，同时借鉴国内学者合宜的分析框架，调整了个别指标的选择和相关数据的确立，从经济发展水平、产业结构、工业效益、就业结构、城镇化水平五个方面对长江上游地区三省一直辖市的工业化进程进行较为详细的研究，数据跨度为 1997～2012 年。研究结果表明，长江上游地区各省（直辖市）的工业化都还处于快速推进阶段而远未结束。显然，从物质平衡原理出发，产出的大幅度增加不可避免地会要求投入增加，同时也会伴随着一些副产品和污染物排放。也就是说，该地区在当前及今后一段时期内都会共同面临着快速工业化和保护环境的尖锐问题。那么，该区域工业化进程中的环境压力状况究竟如何呢？我们拟在随后的一部分里对此进行比较全面的探讨。

第三节　长江上游地区工业化的生态环境压力

一、生态环境压力指数法简介

生态环境是人类社会生存和发展的基础，随着人类经济活动的不断加剧，各种环境污染和生态破坏已对这个基础产生了越来越大的压力。一旦这种压力超过生态环境的最大承受能力，就可能造成自然生态系统崩溃，进而影响人类社会的存续。近年来，有关生态环境压力评价方法的研究不断涌现，这些指标或方法主要包括生态足迹（ecological footprint）分析法、绿色核算（green accounting）方法、能值分析法、环境质量法、污染物排放指标法、系统动力学法、投入产出分析法、多元统计分析法、生态环境压力指数法（eco-environmental stress index，ESI）等。其中，生态环境压力指数法是一种较新且实用的评价区域经济发展对生态环境所造成的压力大小的方法，它的计算方法简单，综合性强，结果表达直观，近年来应用领域日益扩大。

生态环境压力指数由能源消耗分指数（resource-energy consumption index，RECI）和环境污染分指数（environmental pollution index，EPI）这两个分指数构成，见式（2-3）～式（2-7）。

$$ESI = RECI \times W_1 + EPI \times W_2 \tag{2-3}$$

$$RECI = \sum_{i=1}^{n} RECI_i \times P_i \tag{2-4}$$

$$EPI = \sum_{j=1}^{m} EPI_j \times P_j \tag{2-5}$$

$$RECI_i = REC_i / \max(REC_i) \times 100\% \qquad (i = 1, 2, \cdots, n) \tag{2-6}$$

$$EPI_j = EP_j / \max(EP_j) \times 100\% \qquad (j = 1, 2, \cdots, m) \tag{2-7}$$

其中，RECI 为能源消耗分指数，EPI 为环境污染分指数；W_1 和 W_2 分别为这两个分指数的权重；$RECI_i$ 为第 i 个能源消耗指标的指数值，P_i 为第 i 个能源消耗指标的权重；REC_i 为第 i 个能源消耗指标值，$\max(REC_i)$ 为所有能源消耗指标中的最大值；EPI_j 为第 j 个环境污染指标的指数值，P_j 为第 j 个环境污染指标的权重；EP_j 为第 j 个能源消耗指标值，$max(EP_j)$ 为所有环境污染指标中的最大值。这些指标权重可采用多种方法获取，如经验法、专家咨询法、层次分析法等。

二、变量和数据的选取

根据前述生态环境压力指数的计算公式可知，为计算生态环境压力指数及其两个分指数，我们首先需要选择一组指标来测度资源能源消耗和环境污染，并确定它们的权重。为综合反映生态环境压力的总体状态和趋势，我们在考虑数据可得性的前提下，选择总耗水量、总能耗量来度量经济中的资源能源消耗，选择工业废水中的 COD 排放量、工业废气中的 SO_2 排放量、工业粉尘排放量、工业烟尘排放量来度量环境污染。为简便起见，我们通认为这些指标在测度生态环境压力中具有同等重要性，因此对各变量的权重取平均值见表 2-19。

表 2-19　工业生态环境压力指数测度中的权重选择结果

指数		权重	指标	权重
生态环境压力指数（ESI）	资源能源消耗分指数	0.50	工业总耗水量	0.50
			工业总能耗量	0.50
	环境污染分指数	0.50	工业 COD 排放量	0.25
			工业 SO_2 排放量	0.25
			工业粉尘排放量	0.25
			工业烟尘排放量	0.25

由于部分省（自治区、直辖市）2005 年之前和 2010 年之后的数据缺失，此部分的数据选取年限为 2005～2010 年，相关数据来源于历年《中国统计年鉴》《中国能源统计年鉴》。为便于比较，此部分所选择的数据除了涵盖长江上游地区 4 个省（直辖市）外，还将中国 26 个省（自治区、直辖市）（不包括香港、澳门、台湾、西藏、重庆、四川、云南、贵州）亦纳入样本。相关数据的一般性统计描述见表 2-20。

表 2-20　中国省份工业生态环境压力指数测度数据统计描述

统计量	SO_2	COD	烟尘	粉尘	水耗	能耗
平均值	68.122 7	16.320 8	24.789 6	22.081 8	45.893 3	6 987.221 0
中间值	61.355 0	13.880 0	21.315 0	18.270 0	27.070 0	4 689.115 0
最大值	171.500 0	67.900 0	91.000 0	76.900 0	225.250 0	26 067.900 0
最小值	2.120 0	0.490 0	0.650 0	0.660 0	2.990 0	234.190 0
标准差	40.367 1	12.519 8	18.162 4	17.357 6	44.795 7	5 573.128 0

注：表中所有数据为笔者计算得出

显然，在测度工业化进程中的生态环境压力指数相关变量中，它们的取值不仅省际差异都较大，而且各变量之间的差异也较大。这至少具有两层含义：一是通过加权法来获取一个度量生态环境压力的综合指数具有重要意义；二是以全国所有省（自治区、直辖市）为样本来比较分析长江上游地区各省（直辖市）的工业生态环境压力具有必要性。

三、生态环境压力的时空差异比较

根据式（2-3）~式（2-7），计算我国30个省（自治区、直辖市）（不包括香港、澳门、台湾、西藏）的生态环境压力指数及其两个分指数，结果见表2-21~表2-23。为便于相对比较，我们将各指数的取值范围0~1细分成5段：0~0.2，0.2~0.4，0.4~0.6，0.6~0.8，0.8~1.0，分别对应于压力很小、小、中等、大、很大，其中各分段都包含上限值，不包含下限值（压力很小这一级除外）。就两个分指数的相对大小而言，如果它们的关系表现为RECI>EPI，意味着该省的能源消耗压力高于环境污染压力；如果表现为RECI<EPI，则意味着其环境污染压力高于能源消耗压力；如果二者相等，则意味着能源消耗压力与环境污染压力大小相当。为更直观地体现长江上游地区4省（直辖市）的生态环境压力及其两个分指数的相对大小，我们将它们的计算结果单列出来，见图2-1~图2-4。

（一）能源消耗指数比较分析

表2-21 中国省份工业能源消耗指数计算结果表（2005~2010年）

省份	2005年	2006年	2007年	2008年	2009年	2010年
北京	0.0788	0.0672	0.0579	0.0525	0.0500	0.0485
天津	0.0769	0.0831	0.0774	0.0761	0.0726	0.0934
河北	0.4083	0.4199	0.3924	0.4210	0.3848	0.3404
山西	0.3198	0.3120	0.3004	0.3031	0.2823	0.2301
内蒙古	0.2061	0.2389	0.2435	0.2733	0.2909	0.2581
辽宁	0.2905	0.3208	0.3136	0.3430	0.3566	0.3439
吉林	0.1395	0.1358	0.1298	0.1329	0.1408	0.1589
黑龙江	0.2584	0.2578	0.2392	0.2605	0.2209	0.2564
上海	0.3162	0.3050	0.2828	0.2925	0.3068	0.3238
江苏	0.8363	0.8561	0.8299	0.8354	0.8237	0.8324
浙江	0.3183	0.3289	0.3189	0.3189	0.3050	0.3166
安徽	0.2781	0.2996	0.3068	0.3387	0.3813	0.3567
福建	0.2351	0.2385	0.2469	0.2694	0.2899	0.3136

续表

省份	2005 年	2006 年	2007 年	2008 年	2009 年	2010 年
江西	0.1912	0.1889	0.2016	0.2193	0.2093	0.2021
山东	0.5523	0.5512	0.5535	0.5590	0.5635	0.5699
河南	0.4473	0.4913	0.5645	0.5151	0.5159	0.3892
湖北	0.3728	0.3719	0.3876	0.4095	0.4418	0.4504
湖南	0.3100	0.3100	0.3078	0.3163	0.3240	0.3659
广东	0.5743	0.5749	0.5614	0.5671	0.5805	0.6572
广西	0.1712	0.1717	0.1741	0.2016	0.2232	0.2073
海南	0.0214	0.0216	0.0240	0.0253	0.0223	0.0159
重庆	0.1243	0.1422	0.1527	0.1852	0.2162	0.2160
四川	0.3252	0.3002	0.3145	0.3470	0.3782	0.3653
贵州	0.1459	0.1463	0.1458	0.1550	0.1681	0.1531
云南	0.1322	0.1363	0.1358	0.1402	0.1455	0.1349
陕西	0.1168	0.1252	0.1194	0.1309	0.1024	0.1363
甘肃	0.1073	0.1047	0.0991	0.1094	0.1008	0.0489
青海	0.0312	0.0360	0.0359	0.0426	0.0279	0.0273
宁夏	0.0562	0.0568	0.0569	0.0588	0.0571	0.0343
新疆	0.0858	0.0913	0.0890	0.1134	0.1213	0.1811
平均值	0.2509	0.2561	0.2554	0.2671	0.2701	0.2676
最大值	0.8363	0.8561	0.8299	0.8354	0.8237	0.8324
标准差	0.1830	0.1865	0.1865	0.1848	0.1871	0.1891

注：表中所有数据为笔者计算得出

从表 2-21 的测度结果中可以得出下述结论。

第一，长江上游地区各省（直辖市）在分析期间的资源能源消耗指数都有所上升，特别是重庆市表现得更为突出。从具体数值来看，重庆、四川、贵州和云南的能源消耗指数分别从 2005 年的 0.1243、0.3252、0.1459 和 0.1322 提高到 2010 年的 0.2160、0.3653、0.1531 和 0.1349，其中重庆一直攀升，而其他 3 个省份经历的则是波浪式提高。

第二，长江上游地区的能源消耗指数均不高，处于"小"或"很小"的状态，但是差异较大。在分析期间内，4 个省（直辖市）的能源消耗指数均小于 0.40，按照前面的压力程度判定标准，它们要么处于"很小"状态，要么处于"小"状态。其中，四川的能源消耗指数一直领先于其他 3 个省（直辖市），且一直处于"小"状态；重庆则由"很小"状态跃升为"小"状态；而贵州和云南则一直处于"很小"状态。

第三，长江上游地区能源消耗指数在西部地区处于相对较高位置，而在全国则处于中低水平。其中，除四川各年能源消耗指数一直高于全国平均水平之外，其他3个省（直辖市）的能源消耗指数则一直低于全国平均水平。但从西部地区来看，重庆、四川、云南、贵州的能源消耗指数则处于较高水平。

（二）环境污染指数比较分析

表 2-22　中国省份工业环境污染指数计算结果表（2005～2010 年）

省份	2005 年	2006 年	2007 年	2008 年	2009 年	2010 年
北京	0.0351	0.0319	0.0303	0.0281	0.0300	0.0344
天津	0.0847	0.0712	0.0735	0.0784	0.0746	0.0839
河北	0.7188	0.7120	0.7027	0.7193	0.6458	0.6632
山西	0.7141	0.7060	0.7175	0.6984	0.6495	0.7358
内蒙古	0.5615	0.4915	0.5076	0.5638	0.5035	0.6137
辽宁	0.5303	0.5277	0.6006	0.6119	0.5638	0.5728
吉林	0.2399	0.2522	0.2631	0.2696	0.2876	0.2647
黑龙江	0.2794	0.2912	0.3235	0.3582	0.3278	0.3246
上海	0.0859	0.0856	0.0887	0.0854	0.0789	0.0791
江苏	0.5510	0.5132	0.5184	0.5299	0.5222	0.5641
浙江	0.3601	0.3611	0.3679	0.3833	0.3993	0.4172
安徽	0.3460	0.3433	0.3447	0.3985	0.3852	0.4219
福建	0.1964	0.1929	0.2042	0.2190	0.2114	0.2541
江西	0.2997	0.3084	0.3207	0.3396	0.3209	0.3597
山东	0.6389	0.6074	0.6089	0.6325	0.6165	0.6728
河南	0.8079	0.7406	0.7267	0.7272	0.7169	0.7529
湖北	0.3409	0.3501	0.3388	0.3483	0.3315	0.3462
湖南	0.5952	0.5941	0.6020	0.6118	0.6051	0.5821
广东	0.4745	0.4682	0.4831	0.5014	0.4547	0.4969
广西	0.7207	0.6792	0.6630	0.6935	0.7241	0.7361
海南	0.0140	0.0142	0.0165	0.0161	0.0171	0.0173
重庆	0.2496	0.2558	0.2606	0.2676	0.2546	0.2541
四川	0.5775	0.5296	0.4663	0.4396	0.4347	0.5229
贵州	0.2228	0.2676	0.2746	0.2575	0.2199	0.2377
云南	0.2002	0.2043	0.2159	0.2371	0.2212	0.2299
陕西	0.3635	0.3643	0.4058	0.3659	0.3334	0.3674
甘肃	0.1856	0.1771	0.1584	0.1707	0.1772	0.2149
青海	0.0755	0.0765	0.0817	0.0975	0.0983	0.1358
宁夏	0.1420	0.1503	0.1596	0.1625	0.1517	0.2078

续表

省份	2005 年	2006 年	2007 年	2008 年	2009 年	2010 年
新疆	0.2058	0.2399	0.2860	0.3395	0.3531	0.4238
平均值	0.3606	0.3536	0.3604	0.3717	0.3570	0.3863
最大值	0.8079	0.7406	0.7267	0.7272	0.7241	0.7529
标准差	0.2313	0.2168	0.2155	0.2178	0.2093	0.2198

注：表中所有数据为笔者计算得出

从表 2-22 的测度结果中可以得出下述结论。

第一，长江上游地区各省（直辖市）在分析期间的环境污染指数基本上都有所上升。从具体数值来看，重庆、四川、贵州和云南的环境污染指数分别从 2005 年的 0.2496、0.5775、0.2228 和 0.2002 变化到 2010 年的 0.2541、0.5229、0.2377 和 0.2299，其中除四川略有下降之外，其他 3 个省（直辖市）都经历了波浪式提高。

第二，长江上游地区的环境污染指数均不高，处于"小"或"中等"的状态，但是差异较大。在分析期间内，4 个省（直辖市）的环境污染指数均高于 0.2 而小于 0.6，按照前面的压力程度判定标准，它们要么处于"小"状态，要么处于"中等"状态。其中，四川的环境污染指数一直领先于其他 3 个省（直辖市），且一直处于"中等"状态；其他 3 个省（直辖市）则一直处于"小"状态，从大到小依次为重庆、贵州和云南。

第三，长江上游地区环境污染指数在西部地区处于相对中等位置，而在全国则处于中低水平。其中，除四川各年环境污染指数一直高于全国平均水平之外，其他 3 个省（直辖市）的环境污染指数则一直低于全国平均水平。但从西部地区来看，4 个省（直辖市）的环境污染指数都高于西部地区其他一半以上省（自治区）（4 个，分别为甘肃、青海、宁夏和新疆）。

（三）生态环境压力指数比较分析

表 2-23　中国省份工业生态环境压力指数计算结果表（2005～2010 年）

省份	2005 年	2006 年	2007 年	2008 年	2009 年	2010 年
北京	0.0569	0.0496	0.0441	0.0403	0.0400	0.0415
天津	0.0808	0.0772	0.0754	0.0772	0.0736	0.0887
河北	0.5635	0.5659	0.5475	0.5701	0.5153	0.5018
山西	0.5170	0.5090	0.5089	0.5007	0.4659	0.4829

续表

省份	2005 年	2006 年	2007 年	2008 年	2009 年	2010 年
内蒙古	0.3838	0.3652	0.3755	0.4185	0.3972	0.4359
辽宁	0.4104	0.4243	0.4571	0.4774	0.4602	0.4583
吉林	0.1897	0.1940	0.1965	0.2013	0.2142	0.2118
黑龙江	0.2689	0.2745	0.2814	0.3093	0.2744	0.2905
上海	0.2011	0.1953	0.1858	0.1890	0.1928	0.2014
江苏	0.6936	0.6847	0.6741	0.6827	0.6729	0.6983
浙江	0.3392	0.3450	0.3434	0.3511	0.3521	0.3669
安徽	0.3120	0.3215	0.3257	0.3686	0.3833	0.3893
福建	0.2158	0.2157	0.2255	0.2442	0.2507	0.2838
江西	0.2454	0.2487	0.2611	0.2794	0.2651	0.2809
山东	0.5956	0.5793	0.5812	0.5957	0.5900	0.6214
河南	0.6276	0.6160	0.6456	0.6211	0.6164	0.5710
湖北	0.3568	0.3610	0.3632	0.3789	0.3867	0.3983
湖南	0.4526	0.4521	0.4549	0.4641	0.4645	0.4740
广东	0.5244	0.5215	0.5222	0.5343	0.5176	0.5771
广西	0.4459	0.4255	0.4186	0.4476	0.4737	0.4717
海南	0.0177	0.0179	0.0203	0.0207	0.0197	0.0166
重庆	0.1870	0.1990	0.2067	0.2264	0.2354	0.2350
四川	0.4514	0.4149	0.3904	0.3933	0.4065	0.4441
贵州	0.1843	0.2069	0.2102	0.2063	0.1940	0.1954
云南	0.1662	0.1703	0.1758	0.1887	0.1833	0.1824
陕西	0.2401	0.2448	0.2626	0.2484	0.2179	0.2518
甘肃	0.1464	0.1409	0.1287	0.1401	0.1390	0.1319
青海	0.0533	0.0563	0.0588	0.0701	0.0631	0.0816
宁夏	0.0991	0.1035	0.1083	0.1106	0.1044	0.1211
新疆	0.1458	0.1656	0.1875	0.2265	0.2372	0.3025
平均值	0.3057	0.3049	0.3079	0.3194	0.3136	0.3269
最大值	0.6936	0.6847	0.6741	0.6827	0.6729	0.6983
标准差	0.1878	0.1830	0.1829	0.1838	0.1801	0.1820

注：表中所有数据为笔者计算得出

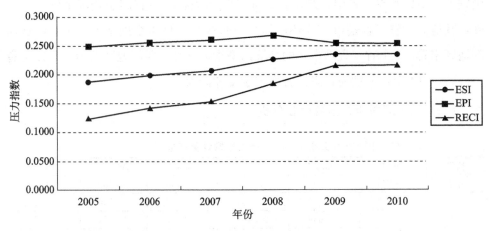

图 2-1　重庆工业生态环境压力指数及其构成图（2005~2010 年）

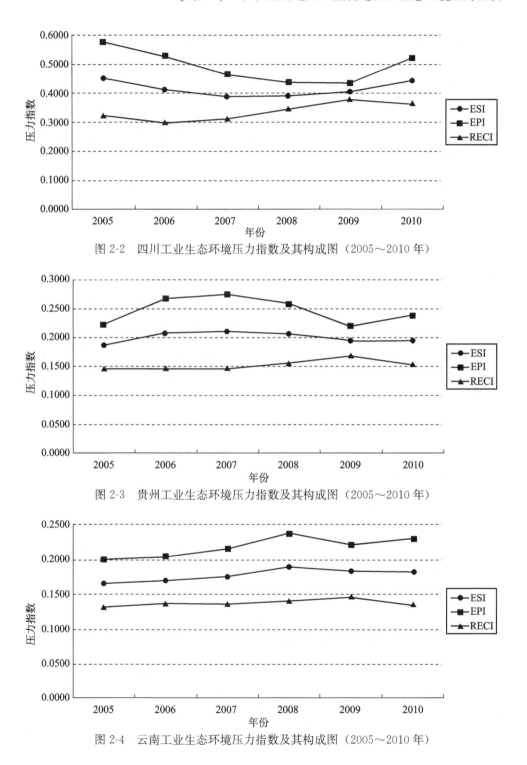

图 2-2 四川工业生态环境压力指数及其构成图（2005～2010 年）

图 2-3 贵州工业生态环境压力指数及其构成图（2005～2010 年）

图 2-4 云南工业生态环境压力指数及其构成图（2005～2010 年）

从表 2-23 和图 2-1～图 2-4 的测度结果中可以得出下述结论。

第一，长江上游地区各省（直辖市）在分析期间的生态环境压力综合指数基本上都有所上升。从具体数值来看，重庆、四川、贵州和云南的能源消耗指数分别从 2005 年的 0.1870、0.4514、0.1843 和 0.1662 变化到 2010 年的 0.2350、0.4441、0.1954 和 0.1824，其中四川略有下降，重庆一直上升，而贵州和云南则经历了波浪式提高。

第二，长江上游地区的生态环境压力综合指数均不高，处于"很小""小"或"中等"的状态，但是差异较大。在分析期间内，4 个省（直辖市）的环境污染指数均小于 0.60，按照前面的压力程度判定标准，它们要么处于"很小"状态，要么处于"小"状态，要么处于"中等"状态。其中，四川的生态环境压力综合指数一直领先于其他 3 个省（直辖市），且一直处于"中等"状态；贵州和云南一直处于"很小"状态；而重庆则由"很小"状态提升为"小"状态。

第三，长江上游地区生态环境压力综合指数在西部地区处于相对中等偏上位置，而在全国则处于中低水平。其中，除四川各年生态环境压力综合指数一直高于全国平均水平之外，其他 3 个省（直辖市）的生态环境压力综合指数则一直低于全国平均水平。但从西部地区来看，4 个省（直辖市）的生态环境污染指数都高于西部地区其他一半以上省（自治区）（4 个，分别为甘肃、青海、宁夏和新疆）。

第四，长江上游地区 4 个省（直辖市）的能源消耗指数无一例外地低于环境污染指数，这从图 2-1～图 2-4 可以直观地看出来。

四、生态环境压力与工业化进程的相关分析

前面的生态环境压力及其分指数的分析结果表明，在分析期间内，长江上游地区生态环境压力指数基本上都有所上升，但是在全国处于中等偏下水平。我们认为，这与它们的工业化进程是有关系的。一般来说工业化程度越多，用于工业发展的资源能源就越多，从而其能源消耗指数也越高；同时，根据物质平衡原理下，资源能源投入使用量越大，在同等技术或工业前提下，"三废"排放量一般也越高。近 10 年来，长江上游地区在西部大开发逐步走向深入过程中，工业发展水平日益提高，工业化进程也逐步加快。因此，从这个角度来说，长江上游地区的生态环境压力指数逐步提升是有其内在的科学性的。不过，从另一个角度而言，随着经济发展进程的逐步走向更高水平，人类活动中对生产技

术的研发和使用标准也日趋提高，这反过来可能会引起在不影响经济发展水平的前提下，降低资源能源消耗量和"三废"排放量，从而降低生态环境压力。实际上，这也许是四川在分析期间内的生态环境压力综合指数有所降低的原因所在。

为更直观地分析环境压力与工业化进程之间的相关性，我们用工业增加值在GDP中的比重来近似地衡量工业化水平，分别运用它和环境压力指数及其分指数之间的散点图和简单的线性回归分析来探讨二者之间的相关性。从图 2-5 和表 2-24 的结果中可以看出，分析期间内长江上游地区的工业生态环境压力状况与其工业化程度之间存在较显著的正相关性。根据发达工业化国家的发展经验，该地区工业发展水平与生态环境状况之间的关系还处于环境库兹涅茨曲线的上升阶段。显然，快速推进该地区工业发展转型升级是该地区经济社会发展中亟须解决的关键问题之一。

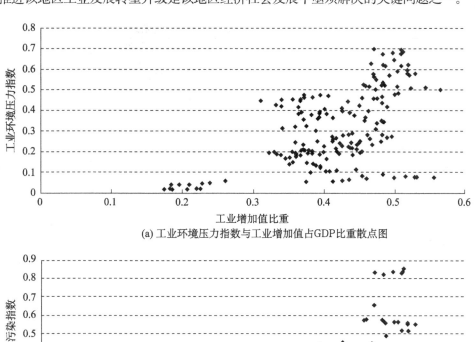

(a) 工业环境压力指数与工业增加值占GDP比重散点图

(b) 工业环境污染指数与工业增加值占GDP比重散点图

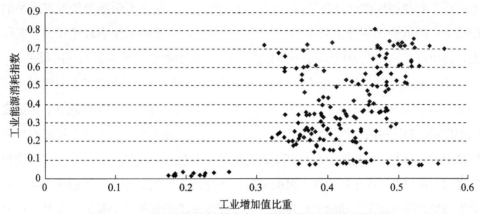

(c) 工业能源消耗指数与工业增加值占GDP比重散点图

图 2-5　长江上游地区工业的生态环境压力和增加值比重散点图（2005～2010 年）

表 2-24　长江上游地区环境压力与工业化进程相关分析结果（2005～2010 年）

因变量	自变量	参数估计值	t 统计量	P 值
ESI	C	-0.1427^{**}	-2.3250	0.0212
	IAR	1.0978^{***}	7.6868	0.0000
	AR（1）	0.2632^{***}	3.6067	0.0004
	$\bar{R}^2=0.3361$　　D. W. $=2.0781$　$F=46.0567$			
EPI	C	-0.1419^{*}	-1.78816	0.0755
	IAR	1.2214^{***}	6.5644	0.0000
	AR（1）	0.1727^{**}	2.2794	0.0238
	$\bar{R}^2=0.2429$　　D. W. $=2.0408$　　$F=29.5608$			
RECI	C	-0.1589^{**}	-2.5010	0.0133
	IAR	1.0107^{***}	6.8503	0.0000
	AR（1）	0.2854^{***}	3.9407	0.0001
	$\bar{R}^2=0.3104$　　D. W. $=2.1433$　　$F=41.0583$			

注：ESI、EPI 和 RECI 分别代表生态环境压力指数、环境污染指数和能源消耗指数，IAR 为工业增加值占 GDP 比重，AR（1）表示一阶自回归项

＊、＊＊、＊＊＊分别表示相应的待估参数值在 10％、5％和 1％的显著性水平上通过 t 检验

五、小结

本节通过构建并应用包含能源消耗指数和环境污染指数的生态环境压力指数，对长江上游地区及全国其他省（自治区、直辖市）的生态环境压力状况进行了一个简单的时空对比分析。研究结论表明，长江上游地区的生态环境压力总体程度并不高，略低于全国平均水平；在区域内部，生态环境压力差异较大，

其中四川一直处于相对较高水平；长江上游地区各省（直辖市）的环境污染指数都无一例外地高于其能源消耗指数。这些研究结论同时也意味着，如果不加快节能减排技术的研发及推广应用，工业化进程就不可避免地会导致生态环境压力加剧，从而危及经济社会可持续发展。

第三章
生态效率视角的动态环境绩效评价模型

第一节　环境绩效与经济绩效的关系

一、环境绩效的内涵

环境绩效一词源自 environmental performance，国内部分文献曾将之译为环境表现、环境行为、环境效率等，如《环境管理体系规范及使用指南》（GB/T24001—1996）、《环境管理环境表现评价指南》（GB/T24031—2001）和《环境管理术语》（GB/T24050—2004），直到 2005 年 5 月中国国家标准化管理委员会在发布的《环境管理体系要求及使用指南》（GB/T24001—2004/ISO14001：2004）的前言中才明确将该词译为"环境绩效"，这种译法随后一直沿用下来（陈汎，2008）。除此之外，一些学者也将"生态效率"（eco-efficiency）、"环境效率"（environmental efficiency）、"环境全要素生产率"（environmental total factor productivity）等概念等同于环境绩效。时至今日，环境绩效这一概念已广泛应用于经济学、环境科学、教育学、社会学及其交叉学科领域。特别是在经济学及其交叉学科领域中，该词被广泛应用于评估一个国家、地区和企业经济活动的经济效益和环境效益。

迄今环境绩效尚无一致的概念，但是一般都认为，如果环境作为一种资源投入，则应该力求以最小的环境资源投入获得最大的产出；如果把环境的改善作为一种产出，应该力求在一定的投入下，获得环境的最大改善效果，这样它在生产上才是有效率的。国内外对环境绩效进行明确界定的首推国际标准化组织（ISO，1999），ISO14031 标准认为：环境绩效主要表现在环境管理绩效、环境运作绩效等方面。其中，环境管理绩效是企业环境管理者为了改善作业环境绩效所作的环境管理方面的努力；环境运作绩效是指组织操作方面所反映的环境业绩。《环境管理体系要求及使用指南》（GB/T24001—2004/ISO14001：2004）对环境绩效的定义为：一个组织基于环境方针、目标和指标，控制其环境因素所取得的可测量的环境管理系统成效。其中，环境因素是指一个组织的活动、产品或服务能与环境发生相互作用的要素；环境管理系统成效则意味着组织通过加强环境管理而取得的综合绩效。世界可持续发展委员会（World Business Council for Sustainable Development，WBCSD）于 1992 年在里约热内卢的地球峰会上提出的"生态效率"一词很接近环境绩效的内涵，该组织将之定义为"满足人的需要的同时，一边把提高生活质量的产品和服务、涉及生命周期的对于环境的影响和资源的使用量慢慢地降低到地球可以承受的界限以下的同时，通过有竞争力的价格提供来达成"。也就是说，生态效率指的是产品或服务的价值与环境负荷之比，即单位环境负荷的经济产出，该值越大则环境绩效越高。其中，产品或服务的价值指产品产量、所提供的服务量、销售量、净销售量；环境负荷包括能源、水和原材料消费，以及地球温室气体排放、臭氧层破坏物质排放等。随后，在世界可持续发展委员会发布的企业环境绩效评估指南之中对环境绩效的内涵进行了详细界定，指出环境绩效是在提供满足人类需求的产品和劳务时，在整个生命周期中逐渐降低对生态的冲击与资源使用的密集度，以适应人们所预计的地球负荷能力（Verfaillie and Bidwell，2000）。Zhang（2008）认为环境绩效是对实际环境污染排放和潜在环境污染排放的一种度量，它衡量的是一个经济体在等量要素投入或产出条件下，其现实污染排放量与理想最小污染排放量之间的差距，其经济学含义是以环境生产前沿面为参照，在保持既定投入或产出不变的情况下，污染物的排放在现有基础上减少的潜力。

Huppes 和 Ishikawa（2005）认为环境绩效是可持续性分析的一种工具，它标志着一种经济活动与环境成本或环境影响之间的经验关系，这个经验关系可与标准报酬相匹配，就如同环境质量或社会进步与经济利益的兑换关系一样，抑或是在社会认识到一定的环境质量水平时，经济与环境的交易关系。

郑季良和邹平（2005）认为，环境绩效指人们在防治环境污染、减少生态破坏、改善环境质量方面所取得的成绩。企业环境绩效是因约束或调整企业行为，控制企业活动对生态环境产生的不利影响和取得积极的成果，反映了企业的环境管理水平。具体来说表现在两个方面：一是环境质量的变动，包括环境资源（水、电、煤、油等）耗用量、污染物排放水平、有毒有害物质的使用和保管、环境质量达标等方面；二是环境质量变动所引起的价值（包括经济价值和环境价值）变化。

除此之外，一些组织机构、学者也对企业环境绩效进行了界定。经济合作与发展组织（OECD，2010a）认为，企业环境绩效就是通过约束调整企业行为，控制企业生产经营活动对生态环境产生的不利影响，以达到持续改善环境问题的目的，是一种非货币化的积极成果。万林葳（2011）对企业环境绩效如是界定：企业环境绩效是指企业经营活动中由于实施环境保护和治理环境污染等行为而取得的成绩和结果。按内容划分主要包括两种：一是环境管理绩效，指的是企业的主观努力对生态环境的保护和改善所形成的环境质量绩效；二是环境财务绩效，指的是企业发生的与环境有关的问题导致的财务影响，即在环境方面的主观努力而取得的财务业绩。Charles（2002）认为，企业环境绩效是一个企业进行环境管理取得的效果，即企业削弱对外部环境负影响所取得的效果，以及企业加大对外部环境正影响所取得的效果。他还指出，企业环境绩效的内涵应该包括两方面：一是企业整个生产经营过程中对环境造成的直接影响，二是企业的管理制度、企业文化所体现的环境意识。Tyteca（1996）认为，企业环境绩效是企业内部多个工厂或者一个行业内部多个企业进行某些环境特征的比较的衡量标准。杨东宁和周长辉（2004）认为，对企业环境绩效的理解主要在于两个维度：一是企业行为对大自然的影响；二是企业环境行为对企业自身组织的影响。何松彪和王芳（2007）指出，企业环境绩效包括企业在生产经营过程当中对环境造成的直接影响，企业的管理制度、企业文化等所体现的环保意识程度，以及企业与外部组织和有关人员的相互关系。Gray 和 Shadbegian（2005）从信息披露的角度，认为环境绩效包括企业所采取的环境政策、相应的环境计划和结构框架、涉及的财务事项、发生的环境活动和可持续发展方面的管理等五个方面。Corbett 和 Pan（2002）从环境管理效果的角度，认为企业环境绩效是企业进行环境管理所取得的成效，包括企业生产经营活动对环境造成的直接影响和企业的管理制度、企业文化、人力资源开发等所体现的环保意识两个方面。

本书认为，所谓环境绩效，是指一个组织管理其环境问题的结果，它们可依照组织的环境方针、目标和指标来进行测度（ISO，1999）；由于使用的目的、意义和应用领域的差异，环境绩效可反映不同方面的问题，如环境改善的趋势、环境状况、环境效率，以及对环境管制的服从情况等（Ramos et al.，2009）。在静态分析中，本书采用生态效率来测度经济主体的静态环境绩效，它是指经济活动产生的增加值与其对环境造成的破坏之比。在动态分析中，沿用由 Kortelainen（2008）提出、杨文举（2011a）进行完善的动态环境绩效指数来测度经济主体的环境绩效演变。该动态环境绩效指数是在结合生态效率的概念、Malmquist 指数和数据包络分析法的基础上，把相邻两个时期的生态效率之比定义为一个动态环境绩效指数，并以此来测度环境绩效的动态演变。该环境绩效指数除了可以测度环境绩效的动态演变之外，还可以通过分解分析来探讨动态环境绩效的构成及影响因素。

二、环境绩效与经济绩效的相互影响

环境绩效与经济绩效的关系，是学术界长期争议的热点之一。之所以大家如此高度关注二者之间的关系，其原因主要有以下三点。第一，环境绩效和经济绩效之间的正向关系一旦存在，则可增进公司管理者或所有者的环境意识（Gallarotti，1995；Hart，1997；Orlitzky et al.，2003）。第二，环境绩效对经济绩效存在正影响的话，那么一些现有的规制也可能放松，前提是公司所有者认识到拥有好的环境需要投入，他们就有经济激励来改进环境敏感性生产方式，从而政府关于环境规制的干预需求就可能减少（Orlitzky et al.，2003）。第三，对部分具有某些特征的公司而不是所有公司来说，某些环境绩效对经济绩效具有正面影响在理论上似乎是成立的，因此识别这些公司特征对于实施环境规制而言是具有重要意义的。

（一）绿色需要付费吗？

迄今关于环境绩效对经济绩效是否具有影响的研究主要有两大观点。早期观点认为，为获取好的环境需要投入，这会增加企业成本，消减企业竞争力，从而不利于经济绩效的提升。比如，以 Friedman（1970）、Greer 和 Bruno（1996）、Jaffe 等（1995）、Walley 和 Whitehead（1994）等为代表的传统经济权衡理论认为，企业改进环境绩效引致巨大成本，它们超过了从中获取的财务收益；而且公司改进环境绩效仅仅是将社会成本转移到公司内部（Bragdon and Marlin，1972）。由此可以推论，这组研究认为推行环保措施对组织机构来说可能是无用的和不适宜的。Ambec 和 Lanoie（2008）指出，持这种观点的基本逻辑在于：好的市场运转可以实现稀缺资源的最优使用，而政府干预仅在收益再分配或市场履行其作用不再有效时才是有用的。不过充分发挥市场机制的前提是产权明晰，而像洁净空气和水之类可为大家共同获取的环境资源来说，其产权界定却是很难进行的。虽然经济主体使用它们不花任何成本，而对整个社会来说却具有很大的实际成本。结果是市场机制带来太多的污染，政府就通过规制、税收、排污许可等合法手段干预经济发展中的环境问题，以将污染减少到可容忍的范围内，这势必会引致公司增加成本。

然而，在过去十多年里，上述逻辑受到了一系列的挑战（Gore，1993；Porter，1991；Porter and van der Linde，1995），这组研究的主要论点在于积极的环境绩效代表了对创新和运营效率的关注（Porter and van der Linde，1995），反映了强的组织和管理能力（Aragón-Correa，1998），增强了公司的合法性（Hart，1995），允许公司满足不同利益相关者的需要（Freeman and Evan，1990），也就是说，公司改进环境绩效的某些方式伴随着更好的经济绩效。首先，环境绩效被看成是运营效率的代理变量（Porter and van der Linde，1995；Starik and Marcus，2000），污染这种资源浪费是公司不必要的成本（Porter and van der Linde，1995），通过环境绩效降低成本、改善效率来推动创新进而创造竞争优势（Aragón-Correa，1998；Christmann，2000；Judge and Douglas，1998；Klassen and Whybark，1999；Russo and Fouts，1997；Shrivastava，1995）。其次，强有力的环境绩效可被视为长期和短期组织与管理能力的一种测度，该视角聚焦于持续创新和降低组织风险（Aragón-Correa，1998；Hart，1995；Sharma，2000；Russo and Fouts，1997；Sharma and Vredenburg，1998；Shrivastava，1995）。再次，环境绩效好的公司可能获得声誉的好处，如社会合法性（Hart，1995）、吸引和留住优秀员工（Turban and Greening，1997）、增加销售（Russo and Fouts，1997）等。最后，利益相关者理论表明，公司为获得成功必须满足不同利益相关群体的需要，包括环境组织、员工和社会群体（Freeman and Evan，1990；Marcus and Geffen，1998；Sharma and Vredenburg，1998）。比如，Porter and van der Linde（1995）指出，污染通常伴随着资源（原材料、能源等）浪费，而且更加严格的环境政策能够激发创新以补偿因恪守这些政策而花去的成本。Ambec 和 Lanoie（2008）指出，公司可以通过实施创新战略来尝试降低对环境的影响而不对其经济绩效带来负面冲击。一方面，更好的环境绩效可通过三大渠道引致收益增加：①更好地获得一些市场，特别是对那些为公共部门（建筑、能源、运输设备、医疗产品、办公设备等）和其他厂商出售产品的企业来说更为可能；②差异化产品，这在产品的环境特征可靠、消费者愿意支付和存在模仿壁垒时更可能发生；③销售污染控制技术，这更可能发生于那些具有研发设施的企业。另一方面，更好的环境绩效能够引致四类成本的降低：①降低风险管理和外部利益相关者成本，这更可能发生于那些被高度管制和审查的行业，如化学、能源、纸浆和造纸、冶金等；②降低原材料、能源和服务成本，这更可能发生在具有下述特征的企业中，如具有一个灵活的生产过程、拥有研发设施、隶属行业具有高度竞争性和正在实施环境政策等；③降低劳动力成本，这更可能发生在下述特征的企业中，如生产中的排放可能影响员工健康、吸引年轻且受过良好教育人员加入、坐落在环境问题敏感区等；④降低资本成本，这更可能发生在那些在股票市场有交易的企业等。

众多"为绿色付费"的经验研究表明，污染减轻与财务收益之间的正向关系是存在的。比如，经济优先权委员会（The Council on Economic Priorities，CEP）在 20 世纪 70 年代的系列研究表明，纸浆和造纸公司的污染控制支出与金融绩效显著相关（Spicer，1978）。Russo 和 Fouts（1997）发现，多种金融获益与 CEP 提出的环境绩效指数间存在显著的正相关。Dowell 等（2000）发现，那些在全球范围采取单一、严格环境标准的企业比那些没有采取这些标准的企业有更高的市场价值。一系列金融领域的研究文献对环境友好型公司投资组合的市场回报进行了考察，结果也表明环境绩效与经济绩效之间存在正相关。比如，

Cohen 等（1995）发现绿色投资不仅无害，而且还有正的回报。White（1996）发现，从 CEP 环境绩效等级来看，那些绿色公司的投资组合有更显著的风险调整回报。Orlitzky 等（2003）和 Dixon-Fowler 等（2013）的元分析结论也表明，公司的环境绩效与财务收益之间存在着显著的正向关系；后者还发现公司积极的环境保护并不比被动反应获益更多，这与 Aragón-Correa（1998）、Sharma（2000）、Henriques 和 Sadorsky（1999）等的理论分析结论有异。其他一些研究也得出了类似结论，如 Bragdon 和 Marlin（1972）、Nehrt（1996）、Austin 等（1999）、Gray 和 Shadbegian（2005）等。

（二）经济发展会促进环境改善吗？

另外一组研究探讨了经济绩效对环境绩效的影响，但研究结论尚无定论。Gray 和 Deily（1996）的研究表明，钢铁公司的金融绩效对环境绩效没有影响。Austin 等（1999）发现金融回报和不同规格的有毒气体排放之间存在这样的关系，在某些情况下更好的金融绩效引致更低水平的环境罚款。Gray 和 Shadbegian（2005）发现造纸公司的利润率不会影响到对空气污染法规的遵守。Earnhart（2006）发现美国化工厂财务上（用会计财务回报率测度）越成功越有助于提升其环境绩效。Earnhart 和 Lizal（2010）分析了转型经济（捷克）中公司经济绩效（用增加值测度）对环境绩效的影响，多数分析结果表明好的经济绩效削弱了环境绩效，其原因可能在于管理努力更多地关注于增进经济结果可能分散了对更好环境的关注。

其他一些研究探讨了"双赢"机会，这来源于生产过程的变化（如清洁生产技术）导致降低污染物排放和最终改善财务状况。其中，一些研究采用国家或区域水平的加总数据考察了普遍存在的"双赢"结果，他们主要运用环境库兹涅茨曲线（environmental Kuznets curve，EKC）来确定经济增长和环境质量之间的长期关系，进而对"双赢"结果进行经验检验（Talukdar and Meisner，2001）。Kahn（2003）认为经济发展和环境质量通过规模、构成和技术而连接在一起，其中构成和技术对增进空气质量具有重要作用。也有一些研究运用公司层面数据对"双赢"结果进行了探讨。比如，Bluffstone（1999）利用立陶宛1993～1994年的数据，通过分析边际减排成本是否为负评估了流行的"双赢"

结论，在核算减少投入使用的成本节约后发现，几个减排层次上的净年度减排成本是负的。

从上述观点看出，无论是理论研究还是实证研究，环境绩效与经济绩效的关系都尚无定论。但不可否认的是，两者之间绝不是孤立的，而且它们之间的内在关系对不同发展阶段的国家或地区、不同行业、不同企业而言都存在或多或少的差异，而这些问题的解决对于经济发展中的决策制定及实施都有着重要意义。

第二节　环境绩效评价研究述评

一、环境绩效评价的三大思路

工业革命以来，人类活动造成的环境负担不断提高，其生活水平也得以日益提高。然而，在过去几十年里，那些对环境造成破坏的工业活动被政府通过管制、标准或税收等多种形式进行了干预。一些公司也逐渐意识到，自觉地采取环保措施有可能给它们带来巨大的潜在收益。因此，探求一些用于测度公司环境绩效的工具、方法就显得十分重要。随着 ISO14031（ISO，1999）的公开出版，环境绩效评估成为一个自主的环境管理工具。环境绩效评估（或测度）是一个促进组织环境绩效的管理决策过程，包括筛选指标、收集和分析数据、根据设定的标准评估信息、报告和交流结果，以及定期审查和改进流程等（ISO，1999）。诚如 Greeno 和 Robinson（1992）所言，作为员工、邻居、民众、环保团体和监管机构施加压力的结果，公司关于环境绩效的测度、记录和信息披露的需求将逐渐扩张。环境绩效评估可用于各种组织和部门，而无论其类型、规模、复杂性、国家或区位情况如何（Ramos et al.，2009）。James（1994）区分了企业环境绩效评价的五个主要驱动力，即生物圈、财务利益相关者、非财务利益相关者、购买者和公众。不同学者围绕企业环境管理的概念框架对环境绩效评价进行了探讨，如 Eckel 等（1992）、James（1994）等。一些公司也曾做出过各种各样的环境绩效指标，但这很少公开在文献中，而且这些指标更倾向于公司的特定目标导向（Tyteca，1996）。迄今有关环境绩效评价的研究手段主要包括生命周期评价（life cycle assessment，LCA）、多标准分析（multi-criteria analysis，MCA）和环境绩效指数（environmental performance indicators，EPI）三种（Hermann et al.，2007），它们在具体的应用过程中各有利弊。

1. 生命周期评价

生命周期评价起源于1969年美国中西部研究所受可口可乐公司委托，对饮料容器从原材料采掘到废弃物最终处理的全过程进行的跟踪与定量分析，它是一种用于评价产品或服务相关的环境因素及其整个生命周期环境影响的工具，即它是对原材料获取、产品生产直至产品使用后的处置整个过程进行环境影响评价的技术和方法。一些学者指出，生命周期评价是一个广泛运用于环境问题分析的工具，它对环境影响的评估贯穿了产品、过程或行为的整个生命周期（Guinée，2001；van den Berg et al.，1995），这种"从摇篮到坟墓"的思路探讨了生命周期内不同阶段的相对贡献和整个绩效。基于生命周期评价的影响评估是不断演进的，而且有不同的变化（Houillon and Jolliet，2005），但是多数操作者拒绝货币价值评估，而是根据10个左右的不同影响级别来报告影响结果，并没有对那些被认为的最佳选择进行一个总体评价（Rabl and Holland，2008）。该思路的主要优势之一在于分析阶段的全面性和分析结果避免了在不同主题或领域方面发生偏离的问题；主要劣势在于其评价中需要的详细数据、时间和专门知识都很多（Hermann et al.，2007）。生命周期评价是一个包括多种应用领域的动态分析工具，针对其分析过程的四个阶段都已经出现了许多发展，其他一些发展有数据库、质量保证、一致性和方法统一等（Rabl and Holland，2008）。Finnveden等（2009）指出，该思路今后的研究方向包括下述一些方面：生命周期评价中相应的工具发展，面向土地使用的生态服务和水利用的影响评估方法，以及加权方法。

2. 多标准分析

多标准分析是用于环境系统分析以评估问题的一种决策工具，它立足多种标准来对多重选择给出一个偏好顺序。多标准分析的目的在于比较和排序多重选择，以及根据制定的标准对它们的环境影响进行评价（Zopounidis and Doumpos，2002）。该思路的主要优势在于可以根据自己的特点来采用标准；主要劣势在于不同指标的加权求和过程具有主观性。该方法的反对者认为，多标准分析很容易被人操纵、技术性强，而且提供伪精确性；而支持者声称，多标准分析提供了一个系统的、透明的评估方式，这增加了客观性并获得了可复制的结果（Bonte et al.，1998）。

3. 环境绩效指数

环境绩效指数测度一个机构当前或过去的环境绩效，并将之与机构管理者设定的目标进行比较（Jasch，2000）。其主要优势在于可作为行业内标杆使用（Tyteca et al.，2002）；主要劣势在于这些指数通常仅仅是根据可获得的数据得来的（Olsthoorn et al.，2001）。该思路不同于生命周期评价，因为它关注的不是环境绩效的全面性而仅是经济活动的一些代表性关键特征。杨文举（2009）指出，环境绩效指数思路在研究数据和运算时间等方面的要求都比生命周期评价和多标准分析少，还有助于决策者实施目标管理，近年来在学界广为传播，主要包括下述两组研究。一是经济活动的环境效率研究，如 Färe 等（2007）、Zhou 等（2008）、王兵等（2008）、周景博和陈妍（2008）；二是经济活动的生态效率研究，如 Kuosmanen 和 Kortelainen（2005）、Kortelainen（2008）、陈静等（2007）、张群和荀志远（2007）、张炳等（2008）、杨文举（2009，2011a）、杨文举和龙睿赟（2013）。相比之下，第二组研究不需要与经济活动相关的各种投入数据，简便易行，而且能有效避免因投入数据获取差异而导致不同结论的产生，更有利于相关研究的对比分析。Hermann 等（2007）指出，生命周期评价、多标准分析和环境绩效指数不仅在各自的优势和不足方面具有很大不同，而且是互为补充的，具体见表 3-1。

表 3-1 生命周期评价、多标准分析和环境绩效指数比较

	生命周期评价	多标准分析	环境绩效指数
分析目的	编制和评估一个产品整个生命周期的环境影响	通过考虑多种标准和相对权重，评估备选的整体环境后果	对一个机构过去或当前的环境绩效与其环境绩效标准相比较
分析步骤	界定目的和范围；库存分析；影响评估和解释	建立决策情景；确定判别标准；评分；加权求和得到一个总值；检查结果并进行灵敏度分析	数据采集；建立数据库；加总求和；标准化或归一化为一组绩效指标
最终结果	若干影响类别的一组有限环境分数	一个基于标准加总的环境分数	针对众多绩效指标（原材料消费等）的环境分数

	生命周期评价	多标准分析	环境绩效指数
分析手段的优势	避免了问题转移到其他主题或领域;"摇篮到坟墓"式的全面性	具有标准加权的可能性;标准的使用因对象而异;总体评价的评分单一	可为各机构单独设计;有限的时间和数据要求;广泛用于标杆管理
分析手段的劣势	是个复杂的过程,需要大量的时间和数据投入;依赖标准化的参考情景;结果难以解释	通常只考虑生产链的部分;依赖专家和利益相关者的意见;加权具有主观性	指标仅根据可获取的数据而构建;大量的指标集;缺乏影响计算(即排放后果);难以获得全面的环境绩效

资料来源:Hermann B G,Kroeze C,Jawjit W. 2007. Assessing environmental performance by combining life cycle assessment,multi-criteria analysis and environmental performance indicators. *Journal of Cleaner Production*,(15):1788,Table 1

二、DEA 评价模型中的非期望产出处理方法

环境绩效评价的主要目的有下述两个方面:一是判断地区或企业的经济活动能否达到预定的经济生产和环境保护目标;二是根据预定的目标,评价现行或拟采用生产方案的优劣,探索经济发展与环境保护相协调中的问题,并据此为环境管理和环保政策的制定提供决策参考。其中,在评价模型中科学处理非期望产出的引入方式具有重要意义。迄今在运用 DEA 进行相关研究的评价模型中,非期望产出的处理方法主要有以下四种。

(1)基于曲线测度的非对称处理法。该方法由 Färe 等(1989)提出,它将各种产出(包括期望产出和非期望产出)以"非对称"方式处理,允许在增加期望产出(通常指增加值或总产值)的同时减少非期望产出(一般指"三废"等污染物)。显然,该方法在评价环境绩效时兼顾了经济效益和环境效益,是一种比较可行的环境绩效评价方法。由于该方法是一种非线性规划的方法,其求解过程比较烦琐,虽然 Färe 等(1989)提出了一种近似线性规划的求解方法,但这无法保证结果的精确性。

(2)非期望产出作为投入的处理法。根据可持续发展理论,经济活动中非期望产出越小越好,这恰好与产出既定下的投入最小化有相似之处。因此,一些研究在分析中将非期望产出以投入变量方式引入。比如,Reinhard 和 Thijssen(2000)在运用 DEA 分析荷兰牛奶场的环境绩效时,就是将相关污染变量作为投入指标进行处理。再如,王波等(2002)也是将污染物作为投入变量来

研究环境绩效，并证明了这与多目标规划的帕累托有效解是等价的。然而，在实际生产活动中，污染物等非期望产出与资源投入并不能保持一定的同比例关系，这种评价方法不能反映实际生产过程。

（3）数据转换函数法。该方法运用 DEA，将非期望产出指标转化为期望产出指标，进而以正常产出指标引入评价模型来研究环境绩效。在现有文献中，最常用的数据转换函数为线性数据转换，通过将非期望产出转化为期望产出，环境绩效评价能够反映实际生产过程。其中，由 Banker 等（1984）提出的规模报酬可变模型（BCC）能够保持 DEA 有效性和分类一致性，但是由 Charnes 等（1978）提出的规模报酬不变模型（CCR）却无法保持分类的一致性。

（4）方向距离函数法。Chung 等（1997）结合方向距离函数，提出了一种基于 DEA 的环境绩效评价模型。该模型同股票设置特定的方向向量，当沿着该方向改进决策单元绩效时，可以同时增加期望产出并减少非期望产出。由于方向向量是根据决策者的意愿进行设定，该评价模型将决策者的主观偏好与 DEA 模型相结合，在应用中具有较广泛的实用性。不过，由于方向向量没有统一的设定标准值，环境绩效评价会因方向向量的设置差异而产生不同的评价结果。

三、生态效率视角的环境绩效评价

进入 21 世纪以来，人类在大力发展经济的同时，越来越注重生态环保问题，走可持续发展之路已成共识。为促进经济社会可持续发展，建立一套完善而科学的环境绩效评价指标体系势在必行。现今国内外众多学者从不同角度就这一问题进行了广泛探讨。其中，Schaltegger 和 Sturm（1990）以经济活动产生的经济价值和环境破坏为基础，提出了一个简单却政策意义极强的环境绩效测度指标，即"生态效率"。经过 20 多年的发展，生态效率这一概念已在生态学、经济学及其交叉学科中广为传播，其应用涉及企业、行业和区域产业系统的环境绩效评价等众多领域。

那么，什么是生态效率呢？众多生态经济学文献认为，生态效率指的是经济活动产生的增加值与其对环境造成的破坏之比，如 Schmidheiny 和 Zorraquin（1996）、Jollands（2003）、Kortelainen（2008）等。如果生产活动能增加好的商品和服务的数量并同时减少环境破坏程度，则其生态效率就越高，从而生产活动的环境绩效就越好。显然，生态效率兼顾经济效益和环境效益，经济行为人对生态效率的高度关注无疑有利于循环经济发展，进而促进可持续发展。不过，生态效率与可持续性并非完全一致。Kuosmanen 和 Kortelainen（2005）指出，由于生态效率是一个相对值而不是绝对值，从而生态效率的改善并非意味着可持续性的提高，因为即使是与经济产出相比的低环境压力，其绝对值也可能超过环境承载力。虽然如此，他们认为生态效率的测度仍然具有重要意义。一方面，生态效率的改善通常是减轻环境压力的"低本高效手段"（cost-effective way），测度生态效率有利于督促经济行为人开发利用更好的生产技术。另一方面，以增进效率为目的的政策比约束经济活动水平的政策更易于被采用，从而测度生态效率有利于政策的制定和执行。在实际应用中，产品层面的生态效率强调不同产品的价格和环境影响对消费者而言都是同等重要的信息，消费者在价格相近的情况下选择生态效率更高的产品。企业层面的生态效率既是一种企业战略，又是企业经济绩效与环境影响互动的结果，通常作为行业或企业比较评价的标准。

然而，如何测度生态效率至今却尚无定论，其难点在于如何选择合理的权重来加总不同的环境压力指标，该领域较早的综述文献可参见吕彬和杨建新（2006）的研究。正因为如此，一些文献要么通过单个环境压力指标来测度生态效率，要么是分别测算多个基于单个环境压力指标的生态效率，然后综合考虑生态效率的高低（Tyteca，1996；诸大建和邱寿丰，2008）。显然，前者过于简单，后者虽然综合考虑了各种环境压力，但是却忽视了经济活动中不同环境压力之间的可替代性。为弥补上述缺陷，一些研究对不同环境压力指标进行加权处理，从而得到一个综合的环境破坏测度指标，进而对生态效率进行度量。在既有的生态效率测度研究中，对不同环境压力的权重选择主要有三种思路：一是对每种环境压力都给予相同的权重，这显然不够合理；二是通过专家调查法对不同环境压力赋权，这却会因专家的不同选择而得到不同的结果；三是通过数据包络分析法内生地生成权重。其中，基于 DEA 的权重选择思路由 Kuosmanen 和 Kortelainen（2005）提出，后经 Kuosmanen 等（2006）、Kortelainen（2008）、杨文举（2009，2011a）、杨文举和龙睿赟（2013）等进行了推广性应用。这种思路直接根据数据本身的特点而得到不同环境压力指标的内生权重，进而对生态效率进行测度；相比于其他两种思路，其优点在于它对环境压力指标的加权处理并非建立在专家的主观意见上，而且它还考虑到不同自然资源和排放物之间的可替代性。值得一提的是，这种思路下的生态效率评价也不同于那些引入环境要素后的企业（或行业）全要素生产率分析。基于 DEA 的生态效率评价是根据生态效率的定义来得到一个度量经济活动对环境影响程度的直接指标，其计算过程只需要包括环境排放物和其他经济产出等各种产出数据；而引入环境要素后的全要素生产率分析是在 DEA 框架下，将各种对环境具有负面影响的排放物纳入投入数据或产出数据，根据得到的经济效益间接地评价企业（或行业）生产活动对环境的影响，如 Tyteca（1997）等。然而，该思路下可能得出部分环境压力指标的权重为 0 的伪结论；而且相关研究都是以当期数据来确定经济中的最佳实践技术前沿，这在跨期中通过分解分析来探讨环境绩效演变的源泉时，会导致一些有悖经济现实的结论出现，如出现技术倒退现象等（杨文举，2009）。另外，国内基于 DEA 的生态效率研究主要是对纳入环境要素后的企业（或行业）全要素生产率分析，如张炳等（2008），仅杨文举（2009，2011a）、杨文举和龙睿赟（2012a，2012b）对 Kuosmanen 和 Kortelainen（2005）提出的生态效率测度思路进行了介绍或应用。

四、环境全要素生产率视角的环境绩效评价————————

全要素生产率又称为"索罗余值"，最早由美国经济学家 Solow（1957）提出，它是一种生产率指标，用以测度总产量与所有要素投入量之比，也可理解为衡量以单位总投入换取总产量的一种指标。现有研究通常认为全要素生产率主要源自技术进步、组织创新、生产创新及专业化等。环境全要素生产率则是指考虑非期望产出条件下的全要素生产率。由此可以推论，环境全要素生产率的增长率越大则环境绩效越好，反之则越差。其中，如果随着时间推移，环境全要素生产率的增长率为正，则意味着经济发展中经历了环境绩效改善；如果经济中的环境全要素生产率的增长率为负数，则意味着经济发展中经历了环境绩效恶化；如果该指标没有发生变化，那么经济中的环境绩效也没有发生变化。由于在资源和环境因素的价格信息获取上难度很大，传统的全要素生产率测度指数如 Tornqvist 指数和 Fischer 指数，它们都不能用于测度环境约束下的全要素生产率。

目前，一些学者对环境全要素生产率的测度思路及方法进行了深入探讨。其中，考虑非期望产出的效率与生产率研究发端于 Pittman（1983）利用指数法测度考虑环境因素的技术效率，随后国外涌现出了一批测度绿色全要素生产率的理论和应用研究文献，它们主要包括下述四大研究思路。一是以 Repetto 等（1996）等为代表的指数法，其主要优点在于不需要估计各种参数，从而不受数据多少的限制；但是需要投入—产出变量的价格信息，而且还不能通过增长分解来识别全要素生产率增长的源泉。二是以 Qi（2005）等为代表的索洛余值法，将环境变量作为投入要素来扩展新古典经济增长核算模型，其优点在于不需要相关变量的价格信息，而且还能从统计学角度验证模型测算结果的可信度；但是这种以投入要素形式来处理环境变量的做法与物质平衡思路相悖（Murty and Russell，2002），而且这种期望产出和非期望产出的非对称处理，扭曲了对经济绩效和社会福利水平的评价，从而会误导政策建议（Hailu and Veeman，2001）。三是距离函数法，包括投入距离函数法（Hailu and Veeman，2000）和产出距离函数法（Färe and Primont，1995；Färe et al.，2006），它们不需要相关变量的价格信息和生产行为假设，而且能借助距离函数计算出非期望产出的影子价格（或污染的边际消除成本），还能对全要素生产率增长进行分解分析；其主要不足在于要先验地对生产函数的具体形式进行假定。四是以 Chung 等（1997）、Kumar（2006）、Cao（2007）、Oh（2010）等为代表的非参数法，将非期望产出作为产出变量，结合方向性距离函数构建出 Malmquist-Luenberger（ML）生产率指数，并运用数据包络分析法进行测度，这既不需要相关变量的价格信息，也不需要先验地给出函数的具体形式和生产行为假设，还能对绿色全要素生产率增长源泉进行分解分析。然而，除 Oh 和 Heshmati（2010）之外，其余研究都是运用当期数据集来确定当期的生产前沿，未能避免经验分析中技术倒退结论的出现，从而在分解分析中混淆了技术进步和技术效率变化对全要素生产率增长的相对贡献。国内的相关研究起步较晚，主要是对 ML 生产率指数的推广性应用研究，主要包括下述两组文献：绿色全要素生产率增长及其影响因素的实证分析，如王兵等（2008）、陈诗一（2009）、贺胜兵（2009）、许海萍（2009）、田银华等（2010）、杨文举（2011b）等；以及绿色全要素生产率增长的趋同分析，如贺胜兵（2009）、吴军（2009）等。

五、环境绩效的影响因素————————————

学术界对环境绩效影响因素的研究主要是借助于生态效率、环境全要素生产率、环境技术效率的测度及其影响因素分析进行，但是都还没有得出一致结论。

1. 生态效率视角的环境绩效影响因素研究

该领域的相关研究都是通过数据包络分析法来测度经济活动的环境绩效，进而对其进行影响因素分析。比如，Kortelainen（2008）、杨文举（2009）以Malmquist 指数为基础，将环境绩效变化分解成相对生态效率变化和环境技术变化两个组成部分，进而探讨了这两个组成部分对环境绩效变化的影响。Cole 等（2006）、Doonan 等（2005）等则以生态效率来测度企业活动的环境绩效，进而探讨了环境绩效的一些具体影响因素，如公司决策者在外企的培训经历、外资控股、政府管制、公众揭发、高水平管理和对员工的环境教育等。杨文举（2015）则综合运用跨期 DEA 和 Tobit 模型，在测度中国省份工业生态效率基础上，结合环境库兹涅茨曲线理论对环境绩效影响因素进行了规范分析和实证探讨，结果发现工业环境绩效的影响因素涉及经济发展、工业结构、对外开放、环境规制、科技进步和能源投入等多个方面，其中地区经济发展水平（包括经济发展规模和产业结构高级化两个方面）、企业规模结构、对外开放度和环境规制水平与中国省份工业环境绩效正相关，而行业结构和能源投入强度与之负相关，但是科技投入水平的影响不明确。

2. 绿色全要素生产率视角的环境绩效影响因素研究

该领域的相关研究是在多投入多产出框架下，计算经济活动的绿色（或环境）全要素生产率，进而实证分析环境绩效的影响因素。迄今不同研究因研究对象（或层次）的不同，所探讨的影响绿色全要素生产率的影响因素也有一定差异，这些研究主要体现在国内近几年来的一些实证研究文献中。

王兵等（2008）考察了 APEC 地区环境管制下的全要素生产率增长影响因素。该研究所筛选的影响因素变量包括：不变价格的人均 GDP 及其二次项、工业增加值占 GDP 的份额及其二次项、滞后一期的技术无效率、资本-劳动比的对数、人均能源使用量、开放度和虚拟变量（签订气候公约的国家和时期为 1）。

固定效应模型经验分析结论表明：人均 GDP 和生产率指数正相关，并且其平方项的系数为负，这说明人均 GDP 和生产率指数之间具有倒 U 形关系；工业份额与生产率指数负相关，其平方项系数则为正，表明两者之间具有 U 形的关系；开放度和人均能源使用量与生产率指数均是负相关，虚拟变量的系数估计结果在不同模型中的结果具有一定的差异性。

王兵等（2010）运用 Tobit 模型对中国区域环境全要素生产率的影响因素进行了经验分析。影响因素包括：发展水平（不变价格的人均地区 GDP 的对数及其二次项）、外商直接投资（外商直接投资占人均地区 GDP 的比重）、结构因素（资本-劳动比的对数表示禀赋结构，工业增加值占人均地区 GDP 的份额表示产业结构，国有及国有控股企业总产值与工业总产值的比重表示所有制结构，折合为标准煤以后的煤炭消费量占能源消费量的比重表示能源结构），政府的环境管理能力（排污费收入占工业增加值的比重和颁布环境地方法规数），企业的环境管理能力（工业 SO_2 去除率和工业 COD 去除率），公众的环保意识（教育程度，即 6 岁及以上人口中高中及以上学历人口的比重）。经验分析结论表明：环境全要素生产率支持环境库兹涅茨曲线假说，这与 Wu（2007）的研究结果一致；FDI 促进了环境全要素生产率增长，不支持污染天堂假说；资本-劳动比和所有制结构指标与环境全要素生产率之间具有正相关关系，而产业结构指标和能源结构指标与之具有负向关系；政府环境管理能力与环境全要素生产率负相关，颁布环境地方法规数、工业 SO_2 去除率、工业 COD 去除率与环境全要素生产率正相关，而环保意识与环境全要素生产率的关系不显著。

李玲和陶锋（2012）运用平衡面板数据模型进行逐步回归分析，探讨了影响中国污染密集型产业绿色全要素生产率的因素。他们选取的影响因素变量如下：外商直接投资水平（外商直接投资占工业总产值的比重）、所有制结构（国有及国有控股企业工业总产值占全部工业总产值的比重）、规模结构（大中型企业工业总产值占全部工业总产值的比重）、能源结构（煤炭消费量占能源消费总量的比重）、环境规制程度（工业废水、SO_2、固体废物处理量占产生量比重的加权平均）。主要分析结论如下：污染密集型产业的外商直接投资水平与绿色全要素生产率显著负相关，印证了污染天堂假说；所有制结构与污染密集型产业绿色全要素生产率显著负相关；企业规模有利于污染密集型产业绿色全要素生产率的提高，大中型企业比重提高 1%，绿色全要素生产率提高 0.074%～0.082%；环境规制程度与污染密集型产业绿色全要素生产率正相关，符合波特假说；而能源结构与绿色全要素生产率的关系不明显。

沈可挺和龚健健（2011）分析了中国高耗能产业的环境全要素生产率影响因素。指标选取如下：资本-劳动比的对数即人均资本（用于衡量高耗能产业的禀赋结构），滞后一期的生产效率（用于衡量前期的技术效率水平），能源强度（单位工业总产值能耗），市场化改革程度（非国有企业工业总产值占比），外商直接投资强度（FDI 占工业总产值比重），研发投入强度（R&D 支出占工业总产值比重），节能减排投资支出（工业污染治理投资完成额占工业总产值之比），企业环境治理能力（工业 SO_2 去除率）。中国高能耗产业环境全要素生产率影响因素的经验分析结果表明：资本强度对其具有负向影响，这意味着资本的边际产出递减；滞后一期的技术效率水平与之负相关关，说明离环境技术前沿越远的地区具有追赶那些距前沿较近地区的"追赶效应"（Lall et al.，2002）；能源强度与之负相关，节能减排投资支出、R&D 投入、市场化程度、FDI 强度对其具有显著的积极作用（但不支持环境污染的污染避难所假说），企业自身环境治理能力的回归系数虽然不显著，但也说明了企业自身环境治理有助于提高环境全要素生产率。

贺胜兵等（2011）对环境约束下中国地区工业生产率增长的影响因素及异质性进行了经验分析，所采取的变量包括：工业人均资本存量（各省份历年工业资本存量除以该省工业从业人数，用于反映各省的工业资本有机构成），人均收入水平（各省实际人均 GDP），经济开放度（各省历年人民币价格表示的进出口总额与该省地区生产总值的比率），能源强度（各省历年能源消费总量与该省实际地区生产总值的比率），大中型企业比例（各省历年大中型工业企业产值除以该省工业总产值），重工业企业比例（各省历年重工业企业产值除以该省工业总产值），国有企业比例（各省历年国有及国有控股工业企业产值除以该省工业总产值）。固定效应模型估计结果可以表明，工业人均资本存量、人均收入及其二次项、经济开放度、能源强度、地区工业重工业比例的回归估计系数均不具有统计显著性，仅大中型企业比例的回归估计系数显著为正；当采用 PSTR 模型并以表征地区工业资本有机构成的工业人均资本存量作为转换变量时，在不同的工业人均资本存量水平下，低人均资本地区经济开放度的提高、能源强度的提高、重工业企业所占比重越低和工业结构中国有份额的提高都不利于工业TFP增长，而高人均资本地区则相反；地区收入水平及其二次项、工业规模结构变量对环境全要素生产率的影响没有显著的地区差异。也就是说，各地区环境约束下的工业TFP增长具有明确的异质性，地区经济开放度、能源强度、工业结构等多个解释变量对工业TFP增长的影响在模型的高、低体制下具有显著的差异。

袁天天等（2012）采用擅长处理限值因变量的Tobit模型，对经济转型期中国制造业的绿色全要素生产率及其影响因素进行了经验分析，结果发现资本深化、行业规模、研发投入和环境污染等因素对中国制造业轻、重工业的全要素生产率均有不同程度的影响。其中，资本深化对轻工业具有正向的促进作用，而对重工业的影响不显著且具有负效应；行业规模对轻工业的影响具有不显著的负效应，对重工业行业具有显著的正向促进作用；研发投入的增加对我国轻、重工业的生产率均存在正向但不显著的影响；环境污染不利于轻工业行业的生产率的提高，而重工业则相反。

李玲和陶锋（2012）对中国工业绿色全要素生产率进行了比较深入而广泛的探讨，主要研究结论有以下几点。第一，适当的环境规制通过诱导企业进行绿色技术创新和管理、制度创新实现节能减排，提高产业竞争力，进而提高工业整体的绿色全要素生产率。其中，以高新技术产业和清洁产业为主体的高质量产业现有的环境规制强度能够为产业技术创新和效率改进提供持续的激励，进而对产业绿色全要素生产率增长起促进作用；以传统轻工制造业为主体的中间质量产业和以污染密集型产业为主体的低质量产业所承受的环境规制强度较弱，较弱的环境规制由于缺乏对企业技术创新的动力驱动，反而增加成本，短期内对生产率和技术进步产生负向影响，进一步加强环境规制强度可以促进产业绿色全要素生产率提高、技术创新和效率改进，环境规制与各个指数的关系呈U形，验证了波特假说。第二，结构调整对工业绿色全要素生产率具有一定影响。其中，外商直接投资（外资结构）拉低了工业行业绿色全要素生产率；资本深化（禀赋结构）在过去十年促进了工业行业的技术创新和效率提升，从而对工业绿色全要素生产率的影响为正；公有制经济（所有制结构）的技术创新能力、管理效率等方面低于非公有制经济，公有制经济在工业中比重的增加提高了行业整体的绿色全要素生产率；电力消耗在整个能源消耗比例（能源结构）的提高对工业绿色全要素生产率产生很大的正向影响。

3. 其他相关研究

周景博和陈妍（2008）发现经济发展水平与环境绩效并无直接联系。马育军等（2007）发现资源投入不足是苏州市生态环境建设低效率的主要原因，同时还指出，地区人口数量增加、生态环境累积效应、人均生态占用增长因素直接对生态环境区域性建设绩效产生影响。王俊能等（2010）利用 Tobit 回归模型分析指出，人均 GDP、产业结构、城市化率、生产技术水平等都是影响环境效率的重要因素，其中人均 GDP、第三产业比重与环境效率呈显著正相关，城市化率和单位 GDP 能耗与环境效率呈弱的负相关。王成金等（2011）发现，资源过度消耗和污染物的过多排放是工业无效率的主要原因。毋庸置疑，这些研究对环境绩效的影响因素都进行了一些有价值的探讨，但是却不够深入和全面，而且也没有探讨环境绩效的优化路径。杨文举和龙睿赟（2012a）以中国地区工业为分析样本，经验测度了各省份工业的生态效率并进行了趋同测试，据此提出进一步改善我国各省份工业生态效率的手段，包括广泛搭建技术转移平台，以促进先进生产技术的顺利推广，同时要不断提高落后地区的技术能力水平，以提高它们对先进技术的充分使用等。

六、环境绩效的演变趋势

目前，国内一批学者为探讨环境绩效的演变趋势，从绿色全要素生产率或生态效率的演变趋势入手，在借鉴经济增长研究中的趋同分析思路下，对一些区域、行业层次的绿色全要素生产率增长进行了趋同分析，具体包括下述两组研究。

一是从绿色全要素生产率视角的环境绩效趋同分析，这组研究成果相对较多。其中，吴军（2009）对环境约束下中国地区工业全要素生产率增长的收敛性进行了经验分析。结果发现：全国整体上既存在绝对收敛也存在相对收敛；就不同地区来说，我国东、中、西部地区工业环境全要素生产率均存在条件 β 收敛，西部和东部地区显示出俱乐部收敛特征，而中部地区却显现出微弱的发散特征。田银华等（2011）采用当期 DEA 和序列 DEA 测算了 1998～2008 年中国各省份的 ML 生产率指数，并运用分布动态法探讨了其趋同问题。结果发现，环境约束下的省级累积相对 TFP 指数密度曲线的高度逐年降低，右尾的数据分布随时间推移而增加，虽然主体呈单峰分布，但右尾呈双峰甚至三峰分布的态势越来越明显，这表明累积 TFP 指数的分布更趋分散，也就是说各省份的绿色全要素生产率增长出现了一定程度的俱乐部收敛特征。胡晓珍和杨龙（2011）利用熵值法拟合环境污染综合指数，作为经济的非期望产出纳入非参数 DEA-Malmquist 指数模型，测度了中国 29 个省份的绿色全要素生产率指数及其时间演化趋势。分析结果表明：全国和中西部地区的绿色全要素生产率都不存在绝对收敛，只存条件收敛；东部地区存在较明显的俱乐部收敛，中部地区整体呈发散趋势，而西部地区内部差距较大且呈日益扩大趋势；在控制投资率、从业人员增长率和环境保护力度等影响变量后，我国总体及东部、中部、西部三大地区存在明显的条件收敛趋势。杨文举和龙睿赟（2012a）结合方向性距离函数和跨期数据包络分析法，测度了中国地区工业绿色全要素生产率增长并探讨了其演变趋势。分析结果表明：工业发展水平对绿色全要素生产率增长的影响呈明显的倒 U 形趋势；中国省份工业绿色全要素生产率增长存在趋同现象；中国省份工业经济发展中的外资利用存在污染天堂假说。李玲和陶锋（2012）分别使用 σ 收敛、绝对 β 收敛和条件 β 收敛检验中国工业绿色全要素生产率的收敛情况，结果发现：工业整体的生产率增长差距随时间的推移越来越大；三大组别中中间质量产业无论是绝对 β 收敛还是条件 β 收敛均呈收敛趋势，其产业内部间的生产率增长差距在样本期内逐步缩小；高质量产业在条件 β 收敛检验下呈收敛趋势，因而高质量产业和中间质量产业呈现明显的俱乐部收敛；以污染密集型产业为主体的低质量产业呈发散状态，产业内部生产率增长差距越来越大。

二是从生态效率视角出发的环境绩效趋同分析，相关研究较少，以杨文举和龙睿赟（2013）的研究为代表。该研究尝试性地从生态效率视角出发，在借鉴经济增长趋同分析法的基础上，构建了一组测试生态效率趋同的 β 和 θ 测试模型，并以 2003～2010 年中国 31 个省（自治区、直辖市）（不包括港澳台）的工业为样本进行了趋同分析。结果发现，我国工业生态效率的省际差异和年际变化差异都较大，但是存在明显的趋同现象，这种趋同是建立在一系列前提条件之上的，如各省份存在不同的生态效率水平，以及基本相似的行业结构、相对畅通的技术转移渠道和比较接近或正趋于接近的技术能力水平等。

七、小结

综上所述，国内外相关研究在环境绩效的测度方法、影响因素和优化路径等方面都有待完善，另外，探讨中国工业环境绩效的研究成果不多，这些方面也正是近年来国内外有关环境绩效研究的主要方向所在。其中，基于 DEA 的生态效率测度思路，直接根据数据本身的特点而得到不同环境压力指标的内生权重，进而对生态效率进行测度，其优点在于它对环境压力指标的加权处理并非建立在专家的主观意见上，而且它还考虑到不同自然资源和排放物之间的可替代性。另外，该思路还可借鉴 Malmquist 指数，构建出一个反映环境绩效演变的环境绩效指数，该指数可进一步分解，这对于研究中国工业环境绩效具有借鉴意义。有鉴于此，本书拟在既有研究基础上，结合 DEA、Delphi 法、Malmquist 指数及其分解法，运用面板数据集来确定最佳实践技术前沿，提出并应用一种基于 DEA-Malmquist 指数的动态环境绩效评价方法，剖析环境绩效的影响因素及其趋同（或趋异），探讨长江上游地区工业环境绩效的改善路径和政策工具选择，为我国各级政府部门和各类工业企业在深入贯彻落实科学发展观、推动经济可持续发展中提供科学依据和决策参考。

第三节　生态效率视角的动态环境绩效测度模型

Kortelainen（2008）在借鉴 Malmquist 指数分析的基础上，用不同年份的生态效率之比得到了一个测度环境绩效演变的指标，即环境绩效指数；并将该指数分解成环境技术变化和相对生态效率变化两个部分，其中环境技术变化又可进一步分解成一个数量指标和一个偏向性指标。该思路的不足之处在于，它仅以当期数据来测度生态效率，这导致其在应用中不仅可能导致分解分析中出现技术倒退现象，而且还会低估（高估）环境技术变化（相对生态效率变化）在环境绩效变化中的相对贡献。为有效弥补上述缺陷，借鉴杨文举（2006，2008，2010）在生产率分析中的思路，运用搜集到的 t 期及以前的面板数据来确

定 t 期的最佳实践环境技术前沿，进而测度经济活动的生态效率和动态环境绩效，这避免了研究中技术倒退结论的出现。

一、静态环境绩效的测度模型

生态效率等于经济活动的增加值与环境破坏值之比，其值越大则经济活动的环境绩效越好，是测度静态环境绩效指数的较好指标。在具体的测度过程中，经济增加值为经济活动产生的总收益减去中间投入品成本，这很容易获取；而环境破坏为生产活动产生的各种环境压力指标的加总，由于那些不同环境压力难以用价格或其他方法进行统一测算，所以如何获取一个合理的环境破坏综合指标是度量生态效率的关键所在。

假定经济中有 N 个决策单元，M 种非期望产出 Z 和 1 种期望产出 V，w 为各种环境压力指标（非期望产出）的权重，则相应的环境技术集 T 可用式（3-1）表示，表示非期望产出为 Z 时可生产出期望产出 V 的所有技术构成的集合。用 EE_k（Z_s，V_s，t）表示第 k 个决策单元在 t 期技术前沿下以 s 期的产出数据为基础而得到的相对生态效率，也就是 s 期第 k 个决策单元在 t 期技术前沿下的相对生态效率，其计算方法见式（3-2）。

$$T = \{(V,Z) \mid \text{非期望产出为 } Z \text{ 时可生产出期望产出 } V\} \tag{3-1}$$

$$\frac{1}{EE_k(Z^s, V^s, t)} = \min_w \sum_{i=1}^{M} w_i \frac{Z_{ki}^s}{V_k^s}$$

$$\text{s. t. } \sum_{i=1}^{M} w_i \frac{Z_{1i}^1}{V_1^1} \geq 1,$$

$$\cdots\cdots\cdots\cdots$$

$$\sum_{i=1}^{M} w_i \frac{Z_{1i}^t}{V_1^t} \geq 1, \tag{3-2}$$

$$\cdots\cdots\cdots\cdots$$

$$\sum_{i=1}^{M} w_i \frac{Z_{Ni}^t}{V_N^t} \geq 1,$$

$$\sum_{i=1}^{M} w_i = 1,$$

$$w_i \geq 0, i = 1, \cdots, M, t \geq 1$$

式（3-2）中，w 为各种环境压力指标的权重，它不需要先验地对各种环境压力的重要程度进行排序，而是通过计算每个决策单元在经济现实中可能达到的最大相对生态效率而内生出"最优"权重。由于式（3-2）中附加了权重非负这一约束条件，所以每个决策单元的生态效率值在 [0，1]。其中，如果生态效率等于1，则意味着该决策单元的环境绩效相对最好，原因在于它有效地采用了"最佳实践技术"（best practice technology）；所有生态效率等于1的决策单元就构成了当期的环境技术前沿。当运用上述方法来测度生态效率时，选择出来的内生权重确保了每个决策单元获得最大的相对生态效率，从而其他任何权重选择下的生态效率值都不可能大于这种思路下的结果，这也是本书称之为"最优"权重的原因所在。

式（3-2）中之所以采用 $N \times t$ 个不等式约束而不是 N 个不等式约束，其目的就是通过面板数据来测度 t 期的相对生态效率，以弥补既有研究采用当期数据时的缺陷。权重 w_i 的和为 1 的约束条件表明，经济活动中的环境技术利用具有规模报酬可变的特征，这比规模报酬不变的假定更接近中国的实际情况。如果 $EE_k (Z_s, V_s, t)$ 越大，则该决策单元的生态效率越高，即其经济活动的环境绩效越好；如果 $EE_k (Z_s, V_s, t)$ 等于1，则该决策单元处于 t 期环境技术前沿上；如果 $EE_k (Z_s, V_s, t)$ 小于1，则位于 t 期环境技术前沿下。当然，如果从 t 期到 s 期之间经历了环境技术进步，则 $EE_k (Z_s, V_s, t)$ 就会大于1。显然，$EE_k (Z_s, V_s, t)$ 测度的只是经济活动在单个时期内的生态效率，据此虽然能够比较分析不同决策单元在相同时期的环境绩效大小，但是却不能探讨它们的年际变化。因此，该思路测度的仅仅是一种静态的环境绩效。

从上面的分析中可以看出，该思路是通过求解式（3-2）所示的线性规划来确定各环境压力指标的权重，进而确定经济中的环境技术前沿和各决策单元在环境技术前沿下的相对效率值。与那些通过简单加权处理得到生态效率的研究思路相比，该思路具有下述优点：一是不要求各环境压力指标的量纲相同；二是在测度生态效率时充分考虑到了经济中不同环境压力之间的可替代性；三是各决策单元的生态效率是在现实中能够获得的最大相对效率值，取值范围为 [0，1]，便于决策分析和目标管理。

二、动态环境绩效的测度模型

上面介绍的生态效率测度思路能够较好地测度经济活动的静态环境绩效，但是这在分析环境绩效的动态演变方面具有局限性。比如，当分析样本是包含不同时期的面板数据时，这种静态分析思路下的环境绩效测度仅有两种备选方案：一是将面板数据形成一个混合数据集，从而在同一个技术前沿下估计不同决策单元的相对生态效率；二是分别以每年的数据来度量不同时期的技术前沿，并在此基础上测算各决策单元的相对生态效率。虽然这两种思路都比较易于操作，但是它们存在着共同的缺陷：它们在长期分析中既不能分析环境技术的变化，也不能对观察到的环境绩效变化进行原因解释。有鉴于此，Kortelainen（2008）在借鉴 Malmquist 指数分析的基础上，用不同年份的生态效率之比得到了一个测度环境绩效演变的动态指标，并称之为"环境绩效指数"，杨文举（2010）对其进行了完善，其测度思路如下。

为测度第 k 个决策单元从 $t-1$ 期到 t 期之间的环境绩效变化，可以用 $t-1$ 期或 t 期的技术前沿为参照，运用式（3-2）所示的线性规划来得到一个环境绩效指标，但是两种思路下的结果并不一致。为综合考虑两种思路下的不同结论，这里以两种思路下得到环境绩效指标的几何平均值来度量第 k 个决策单元在 $t-1$ 期到 t 期之间的环境绩效变化 $\mathrm{EPI}_k\ (t-1,\ t)$，计算公式见式（3-3）。[①] 如果 $\mathrm{EPI}_k\ (t-1,\ t)$ 大于1，则意味着在 $t-1$ 期到 t 期之间，第 k 个决策单元的环境绩效得到了改善，而且其值越大，环境绩效的改善程度越大；反之则反是。

$$\mathrm{EPI}_k(t-1,t)=\left[\frac{\mathrm{EE}_k(Z^t,V^t,t-1)}{\mathrm{EE}_k(Z^{t-1},V^{t-1},t-1)}\times\frac{\mathrm{EE}_k(Z^t,V^t,t)}{\mathrm{EE}_k(Z^{t-1},V^{t-1},t)}\right]^{1/2} \quad (3\text{-}3)$$

三、动态环境绩效的多重分解

为探讨环境绩效变化的源泉，在借鉴 Malmquist 指数进行两重分解的基础上，Kortelainen（2008）将前述环境绩效指标分解成相对生态效率变化和环境技术变化两个部分，见式（3-4）。

---

① Kortelainen（2008）指出这一指标类似于投入导向（Input Oriented）的 Malmquist 生产率指数。

$$\mathrm{EPI}_k(t-1,t) = \frac{\mathrm{EE}_k(Z^t,V^t,t)}{\mathrm{EE}_k(Z^{t-1},V^{t-1},t-1)} \times \left[\frac{\mathrm{EE}_k(Z^{t-1},V^{t-1},t-1)}{\mathrm{EE}_k(Z^{t-1},V^{t-1},t)} \right.$$

$$\left. \times \frac{\mathrm{EE}_k(Z^t,V^t,t-1)}{\mathrm{EE}_k(Z^t,V^t,t)} \right]^{1/2} \tag{3-4}$$

$$= \mathrm{REC}_k(t-1,t) \times \mathrm{ETC}_k(t-1,t)$$

其中，$\mathrm{REC}_k(t-1,t)$ 和 $\mathrm{ETC}_k(t-1,t)$ 分别表示第 k 个决策单元在 $t-1$ 期到 t 期之间的相对生态效率变化和环境技术变化。根据式（3-4），环境绩效变化要么来源于相对生态效率变化，要么来源于环境技术变化，要么来源于二者的共同变化。如果 $\mathrm{REC}_k(t-1,t)$ 大（小）于 1，则意味着第 k 个决策单元在 $t-1$ 期到 t 期之间更加有（无）效地使用了既有环境技术，从而其更加逼近（远离）环境技术前沿；如果 $\mathrm{ETC}_k(t-1,t)$ 大（小）于 1，则意味着第 k 个决策单元在 $t-1$ 期到 t 期之间使用的环境技术进步（退化）了，从而其环境技术前沿向外（内）发生了移动。

虽然上述分解思路有效地将效率变化和技术变化从环境绩效的变化中分离开，从而有助于分析环境绩效变化的源泉所在，但是却不能解释经济中的环境技术变迁是否具有偏向性。为解决上述问题，Kortelainen（2008）借鉴 Färe 等（1997）在生产率分析中的技术变迁分解思路，将环境技术的变化分解成一个数量指标和一个偏向性指标，见式（3-5）。

$$\mathrm{ETC}_k(t-1,t) = \frac{\mathrm{EE}_k(Z^{t-1},V^{t-1},t-1)}{\mathrm{EE}_k(Z^{t-1},V^{t-1},t)} \times \left[\frac{\mathrm{EE}_k(Z^t,V^t,t-1)}{\mathrm{EE}_k(Z^t,V^t,t)} \right.$$

$$\left. \bigg/ \frac{\mathrm{EE}_k(Z^{t-1},V^{t-1},t-1)}{\mathrm{EE}_k(Z^{t-1},V^{t-1},t)} \right]^{1/2} \tag{3-5}$$

$$= \mathrm{MI}_k(t-1,t) \times \mathrm{EBI}_k(t-1,t)$$

其中，$\mathrm{MI}_k(t-1,t)$ 为环境技术变化的数量指标，它是仅用 $t-1$ 期的观测值来度量环境技术在 $t-1$ 期和 t 期之间的数量变化大小；$\mathrm{EBI}_k(t-1,t)$ 为环境技术变化的偏向性指标，它通过分别用 t 期和 $t-1$ 期的观测值来测度环境技术的变化，然后取它们之比的平方根。根据环境技术变化的偏向性指标是否等于 1，可以判断经济中的环境技术变化是否具有希克斯中性特点。如果偏向性指标等于 1，则意味着环境技术变化使得单位产出的不同环境压力指标同比地增大或缩小了，从而技术变迁是中性的；反之则反是。

四、小结

本节在生态效率视角下，结合 Malmquist 指数和数据包络分析法，介绍了 Kortelainen（2008）提出并应用后由杨文举（2009）改进的动态环境绩效分析框架，研究结论主要有以下两点。

第一，生态效率及在其基础上构建的动态环境绩效指数能够较好地衡量经济活动的环境绩效。生态效率兼顾经济活动的经济效益和环境效益，在实际运用中简便易行，而且其测度结果具有强的政策目标指向性，是衡量经济活动静态环境绩效的较好指标。以相邻时期的生态效率为基础，借鉴 Malmquist 指数构建出来的动态环境绩效指数，衡量的是相邻时期环境绩效的演变，而且该指数还可以进行多重分解，从相对生态效率变化和环境技术变化两个角度来探讨动态环境绩效变化的源泉。其中环境技术变化还可以进一步分解为环境技术变化的数量指标和偏向性指标，后者有助于分析经济中环境技术变化的中性与否，这对于知道经济发展中的技术变迁具有重要意义。

第二，基于跨期 DEA 的生态效率测度思路比相关测度思路具有相对优越性。跨期 DEA 在构建生产边界时，采用面板数据而非截面数据，这有助于避免数据的非正常波动影响"最佳实践前沿"的构建，而且还充分吸收了"技术追赶"的思想，这使得该思路下构建出来的生产边界更接近于真实情况。不仅如此，作为传统数据包络分析思路的改进，该思路仍然是在数据驱动下采用"内生加权"来处理生态效率计算中的不同环境压力指标权重选择，这种非先验的处理方式比较客观，而且吸收了最优化思想，使得分析结果（如生态效率值）有助于横向比较，同时它在计算生态效率时还考虑到不同自然资源和排放物之间的可替代性，这更贴近经济发展现实。

第四章

长江上游地区工业动态环境绩效评价

第一节　长江上游地区工业环境绩效演变[①]

一、变量和数据的选取

为探讨经济活动的动态环境绩效，需要一组与经济活动相关的经济增加值和环境压力指标。因此，为分析长江上游地区 4 省（直辖市）工业经济活动的动态环境绩效，所选择的指标应能够度量工业活动带来的经济增加值及其造成的环境压力。综合数据的可得性和指标选取的合理性，本书选取工业增加值来度量工业生产活动的经济增加值，以工业 SO_2 排放量、工业 COD 排放量、工业氨氮排放量、工业烟尘排放量、工业粉尘排放量 5 个指标来度量工业生产活动对环境造成的压力。

由于数据包络分析法在确定经济活动中的生产前沿时，其精确程度与数据量的多少息息相关。因此，在分析中选取中国 31 个省（自治区、直辖市）（不包括港澳台）为分析样本。这一方面可以确保运用数据包络分析法确定的生产前沿接近于经济现实情况，同时又便于长江上游地区省（自治区、直辖市）与国内其他省（自治区、直辖市）之间的比较分析。因此，本书选取中国 31 个省（自治区、直辖市）（不包括港澳台）作为分析样本，经济增加值和环境压力的

---

① 此部分是在下述阶段性研究成果的基础上完善而成：杨文举 .2009. 中国地区工业的动态环境绩效：基于 DEA 的经验分析 . 数量经济技术经济研究，（6）：87～98，114.

相关数据均来源于 2004～2012 年的《中国统计年鉴》和 2013～2014 年的《中国环境统计年鉴》。其中，各年各省（自治区、直辖市）的工业经济增加值均运用 GDP 平减指数进行平减（2000 年为基期），相关数据的一般统计描述见表 4-1。从表 4-1 中可以看出，不同环境压力指标的省际差异大，工业 SO_2、工业烟尘粉尘、工业 COD、工业氨氮的排放量标准差分别为 41.21 万吨、36.60 万吨、13.21 万吨和 1.11 万吨。不仅如此，单位 GDP（万元）的 SO_2、COD、氨氮排放量和烟尘粉尘排放量差异也很大，平均值分别为 308.41 吨/万元、75.08 吨/万元、5.54 吨/万元和 239.64 吨/万元。显然，这意味着各省（自治区、直辖市）工业的环境绩效差异较大，而且通过不同排放指标来衡量的环境绩效差异也不尽相同。因此，为综合度量各省工业环境绩效，通过合理选择不同环境压力指标的权重，进而得到一个综合度量不同环境压力的环境破坏指标具有重要意义。根据前面的论述，生态效率这一指标是在最优化思想下，通过选择不同环境压力指标权重对各种环境压力指标加权求和，从而得出的一个衡量环境绩效的综合指标，这正好符合此部分的研究需要，后文拟对此进行应用研究。

表 4-1　长江上游地区工业增加值及环境压力指标统计描述（2003～2013 年）

统计量	工业增加值/亿元	工业 SO_2 排放量/万吨	工业烟尘粉尘排放量/万吨	工业 COD 排放量/万吨	工业氨氮排放量/万吨
平均值	30 49.10	64.30	48.47	15.97	1.19
中间值	2 058.41	57.02	40.65	13.33	0.88
最大值	16 801.98	171.50	160.50	69.30	5.70
最小值	12.53	0.07	0.20	0.07	0.00
标准差	3 118.99	41.21	36.60	13.21	1.11

注：所有数据均由笔者根据 2004～2012 年的《中国统计年鉴》和 2013～2014 年的《中国环境统计年鉴》中的相关数据整理得出

二、长江上游地区工业的静态环境绩效

以 2003～2013 年中国 31 个省份（不包括港澳台）的工业增加值、工业 SO_2 排放量、工业 COD 排放量、工业氨氮排放量、工业烟粉尘排放量数据为基础，分别利用当期数据来求解式（3-2）所示的线性规划，得到各年各省份的相对生态效率和环境技术前沿构成，见表 4-2。

表 4-2　中国省份工业的相对生态效率（2003～2013 年）

生态效率	2003年	2004年	2005年	2006年	2007年	2008年	2009年	2010年	2011年	2012年	2013年
北京	1.00	0.98	1.00	1.00	1.00	1.00	1.00	1.00	1.00	1.00	1.00
天津	0.53	0.67	0.54	0.62	0.62	0.64	0.70	0.60	0.66	0.75	0.80
河北	0.23	0.28	0.23	0.23	0.21	0.19	0.21	0.22	0.18	0.20	0.19
山西	0.12	0.13	0.11	0.11	0.11	0.09	0.09	0.08	0.10	0.11	0.13
内蒙古	0.08	0.09	0.08	0.10	0.22	0.18	0.17	0.12	0.13	0.14	0.14
辽宁	0.39	0.46	0.26	0.25	0.23	0.22	0.24	0.26	0.24	0.26	0.30
吉林	0.38	0.38	0.27	0.26	0.24	0.25	0.29	0.30	0.29	0.32	0.30
黑龙江	0.57	0.81	0.43	0.41	0.34	0.29	0.30	0.30	0.33	0.32	0.29
上海	1.00	1.00	1.00	1.00	1.00	1.00	1.00	1.00	1.00	1.00	1.00
江苏	0.49	0.58	0.46	0.49	0.48	0.44	0.50	0.48	0.46	0.52	0.46
浙江	0.54	0.56	0.49	0.50	0.50	0.46	0.46	0.48	0.54	0.54	0.46
安徽	0.28	0.34	0.23	0.24	0.22	0.20	0.23	0.24	0.29	0.33	0.31
福建	0.68	0.76	0.46	0.46	0.44	0.37	0.41	0.46	0.49	0.53	0.50
江西	0.21	0.21	0.17	0.17	0.16	0.14	0.15	0.19	0.18	0.19	0.17
山东	0.35	0.45	0.36	0.38	0.39	0.36	0.40	0.38	0.37	0.40	0.37
河南	0.28	0.29	0.20	0.21	0.21	0.20	0.22	0.24	0.27	0.27	0.24
湖北	0.28	0.37	0.25	0.25	0.23	0.21	0.24	0.26	0.28	0.30	0.30
湖南	0.20	0.20	0.18	0.19	0.18	0.17	0.20	0.21	0.23	0.26	0.26
广东	0.74	0.66	0.63	0.68	0.60	0.54	0.64	0.65	0.80	0.82	0.79
广西	0.08	0.09	0.08	0.09	0.09	0.08	0.13	0.18	0.21	0.21	0.20
海南	0.45	0.48	0.49	0.55	0.50	0.46	0.42	0.36	0.38	0.36	0.32
重庆	0.12	0.13	0.09	0.09	0.10	0.10	0.15	0.18	0.24	0.25	0.22
四川	0.13	0.17	0.15	0.16	0.17	0.18	0.21	0.21	0.27	0.35	0.35
贵州	0.17	0.21	0.22	0.25	0.22	0.22	0.25	0.28	0.07	0.07	0.07
云南	0.29	0.24	0.18	0.17	0.16	0.14	0.15	0.17	0.10	0.11	0.10
西藏	1.00	1.00	1.00	1.00	1.00	1.00	1.00	1.00	0.75	0.83	0.77
陕西	0.25	0.21	0.17	0.15	0.13	0.11	0.13	0.14	0.13	0.15	0.14
甘肃	0.11	0.13	0.09	0.11	0.11	0.11	0.11	0.10	0.09	0.10	0.09
青海	1.00	0.44	0.11	0.11	0.10	0.09	0.09	0.09	0.11	0.12	0.10
宁夏	0.05	0.06	0.05	0.04	0.04	0.04	0.05	0.05	0.03	0.03	0.03
新疆	0.21	0.19	0.17	0.15	0.12	0.09	0.09	0.08	0.07	0.07	0.06
平均值	0.39	0.40	0.33	0.34	0.33	0.31	0.33	0.33	0.33	0.35	0.34
极值比	20.11	16.51	21.55	23.77	24.12	25.12	21.69	26.94	31.48	30.37	33.80
标准差	0.30	0.28	0.27	0.28	0.27	0.27	0.27	0.27	0.26	0.27	0.27

注：表中所有数据均由笔者根据 2004～2012 年《中国统计年鉴》中的相关数据计算得出

从表 4-2 中可以得出下述几点结论。

（1）长江地区工业发展中广泛地存在着环境技术无效率现象，其生态效率值低于全国同期平均水平，但具有较大潜力去改进生产活动。在 2003～2013年，中国 31 个省份（不包括港澳台）的平均相对生态效普遍低下，依次为

0.39、0.40、0.33、0.34、0.33、0.31、0.33、0.33、0.33、0.35 和 0.34；曾处于生产前沿上的省份只有北京、上海、西藏和青海，其中仅北京、上海一直处于生产前沿上。而长江上游地区 4 省（直辖市）的生态效率则更低，在 11 年中的最大值也只有 0.35（2012 年和 2013 年的四川省），多数年份（除 2012 年和 2013 年外）各省份的生态效率都低于相应年份全国各省份生态效率的平均值，不足生产前沿省份的 1/3。根据前面介绍的相对生态效率计算方法可知，只要生产活动中充分使用了既有环境技术，则其相对生态效率都会等于 1。因此，之所以出现这种普遍的环境技术无效率现象，其根本原因在于众多省份在工业发展中没有使用经济中与自身经济发展环境相适宜的最佳实践技术。[①] 一旦各省份都有效地使用那些适宜的最佳实践技术从事生产，则在产出水平不变的情况下，可以使"三废"排放量平均降低 60% 以上，其中长江上游地区可降低 65%～93%，而且生态效率越低的省份其生产活动的改进潜力越大。

（2）中国工业环境绩效的地区分布格局在分析期间没有发生显著变化，较大的环境绩效差异在波动中略有缩小；其中长江上游地区的环境绩效一直处于相对偏低位置。就省际差异而言，在 2003～2013 年，各年工业相对生态效率的最大最小值比基本上都在 20 倍以上（其中 2013 年为 33 倍多），标准差分别为 0.30、0.28、0.27、0.28、0.27、0.27、0.27、0.27、0.26、0.27 和 0.27，这不仅表明环境绩效具有较大的省际差异，而且还充分说明这种差异在这 8 年中波动性降低了。就各省份环境绩效的地区分布动态来说，最初环境绩效较低（较高）的省份几年后还是处于相对较低（较高）的水平，其中长江上游地区的环境绩效也一直处于相对偏低位置，这从不同年份间相对生态效率的相关系数可见一斑。上述分析结论也能从图 4-1 中直观地看出来。笔者认为其主要原因在于环境绩效相对落后的省份没有引进或充分使用那些最佳实践技术，而这可能是由下述原因引起：一是各省份之间缺乏相互合作与交流，它们在工业发展中各行其是，从而那些环境友好型的生产技术没有得到推广性使用；二是采用先进技术进行生产会增加企业的生产成本，为拓展利润空间，大多数省份的工业生产

---

① 杨文举（2006，2008）指出，如果没有使用适宜技术进行生产，则经济活动中不可避免地会出现技术无效率现象。因此，为改善环境绩效，各省份在生产中应选择那些适宜的先进技术（不一定是最先进的技术）。

只注重产出水平，而无视"三废"治理；三是大多数省份在引进最佳实践技术的同时，没有同步提高它们自身的技术能力，从而导致未能充分使用那些先进技术。

（3）工业环境绩效与工业发展水平之间没有明显的相关关系，长江上游地区表现得尤为突出。比如在 2008 年，工业发展水平最落后的西藏和相对落后的北京，它们的工业生态效率均为 1；而工业发展水平相对较高的河北和四川，它们的工业生态效率都不到 0.20；就全国所有省份而言，工业增加值与工业生态效率之间的相关系数仅 0.20；其中长江上游地区 4 省（直辖市）两个变量之间的相关系数仅为 0.08。[①] 究其原因，笔者认为主要在于下述几点：一是中国各省份在经济活动中没有真正树立起生态环保意识，没有严格遵守环境保护政策中的污染物排放标准；二是各省份工业中的行业门类并非等同，这样即使大家都共同遵守污染物排放标准，由于不同行业的污染物排放标准和产出效率都不尽相同，从而不可避免地导致工业环境绩效与工业发展水平之间不相关的结论；三是根据生态效率的定义，只要经济体充分使用了既有环境技术进行生产，它就具有较高的相对生态效率，这意味着经济发展水平相对落后的经济体可以选用那些适合自身发展的最佳实践技术（这通常不是最先进的技术），获得相对高的环境绩效[②]。

三、长江上游地区工业的动态环境绩效及其构成

为探讨地区工业的动态环境绩效及其决定因素，需要在不同的环境技术前沿下对各省份的相对生态效率进行测度，并据此得到它们的环境绩效指标，然后对环境绩效指标进行分解，以探讨各构成部分的相对贡献大小。下面笔者分别运用式（3-2）～式（3-5），对中国 31 个省份（不包括港澳台）在 2003～2013 年共 11 个年度的环境绩效指标进行计算，并对各省份的环境绩效变化指数进行三重分解，得到各年度各省份环境绩效变化的三重分解因子，即相对生态效率变化、环境技

[①] Kortelainen（2008）也得出了类似结论：欧盟 20 个成员国在 1990～2003 年的相对生态效率和收入水平之间的相关系数仅在 0.56～0.79；而且 1990 年人均 GDP 最高的卢森堡，其相对生态效率仅排第 12 位，而 2003 年人均 GDP 排第 10 位的德国，其相对生态效率却位居第 1。

[②] 就生产效率并非与经济发展水平正相关来说，舒尔茨（1987）早在《改造传统农业》一书中就已经得出过类似结论，即传统农业的生产活动是有效率的。近年的一些经验研究结论也证实了这一点，如 Kumar 和 Russell（2002）、杨文举（2006，2008）等。

术变化的数量指标和环境技术变化的偏向性指标，其中环境技术变化的数量指标和环境技术变化的偏向性指标的乘积为环境技术变化，计算结果见图 4-1 和表 4-3。

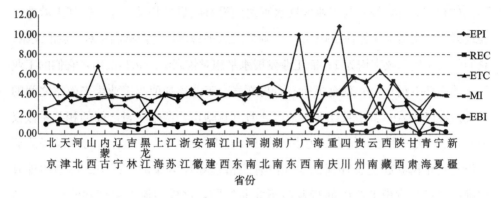

图 4-1   中国省份工业的环境绩效指标累积值（2003～2013 年）

EPI、REC、ETC、MI 和 EBI 分别为环境绩效变化指数、相对生态效率变化、环境技术变化、环境技术变化的数量指标和环境技术变化的偏向性指标的累积值；所有数据为笔者根据 2004～2014 年《中国统计年鉴》中的相关数据计算得出

从上述动态环境绩效指数及其多重分解结果中可以得出下述结论。

（1）长江上游地区工业环境绩效总体上得到了改善，而且改善程度高于全国平均水平，其省际差异则比全国总体省际差异要高。2003～2013 年，长江上游地区累积的环境绩效变化的平均值及标准差分别为 5.58 和 4.30，而全国累积的环境绩效变化的平均值及标准差分别为 3.97 和 2.28，这意味着长江上游地区工业环境绩效改善程度高于全国平均水平，但是长江上游地区 3 省 1 直辖市的环境绩效改善的省际差异远大于全国的省际差异。其中，整个期间内长江上游地区环境绩效改善程度由大到小依次为四川、重庆、贵州和云南，它们的环境绩效分别提高了 981.03%、637.61%、134.85% 和 79.07%。就具体年份而言，长江上游地区工业的平均环境绩效变化分别为 1.17、1.06、1.24、1.25、1.37、1.29、1.30、0.97、1.18 和 1.09，多数年份都高于同期全国平均水平；它们的标准差分别为 0.10、0.17、0.13、0.09、0.15、0.23、0.12、0.60、0.12 和 0.07，多数年份都大于同期全国平均水平。显然，长江上游地区工业的环境绩效整体上得到了较大改善，累积的环境绩效指数高达 5.58，比 2003 年提高了 4 倍多，高于全国同期平均水平，但是省际差异也高于全国同期水平。

表4-3　中国地区工业动态环境绩效的三重分解（2003～2013年）

省份	2003～2004年				2004～2005年				2005～2006年				2006～2007年				2007～2008年			
	EPI	REC	MI	EBI	EPI	REC	MI	EBI	EPI	REC	MI	EBI	EPI	REC	MI	EBI	EPI	REC	MI	EBI
北京	1.01	0.98	1.00	1.03	1.35	1.02	1.26	1.05	1.27	1.00	1.16	1.10	1.25	1.00	1.06	1.18	1.39	1.00	1.25	1.11
天津	1.29	1.26	1.02	1.00	1.02	0.80	1.28	0.99	1.34	1.17	1.15	1.00	1.19	0.99	1.20	1.00	1.31	1.02	1.28	1.00
河北	1.22	1.22	1.00	1.00	1.04	0.81	1.28	1.00	1.13	0.99	1.14	1.00	1.18	0.92	1.29	0.99	1.27	0.93	1.37	1.00
山西	1.06	1.06	1.00	1.00	1.18	0.87	1.36	1.00	1.17	1.01	1.16	1.00	1.25	1.00	1.25	1.00	1.18	0.83	1.42	1.00
内蒙古	1.30	1.21	1.12	0.97	1.10	0.82	1.32	1.02	1.57	1.32	1.16	1.02	2.37	2.17	1.07	1.02	1.21	0.84	1.44	1.00
辽宁	1.16	1.16	1.00	1.00	0.75	0.58	1.33	0.99	1.10	0.96	1.14	1.00	1.16	0.91	1.28	1.00	1.29	0.94	1.36	1.01
吉林	1.03	1.02	1.01	1.00	0.84	0.71	1.16	1.02	1.10	0.97	1.13	1.01	1.24	0.93	1.36	0.99	1.29	1.01	1.26	1.01
黑龙江	1.41	1.41	1.00	1.00	0.66	0.53	1.23	1.02	1.10	0.97	1.14	1.00	1.07	0.82	1.30	1.00	1.13	0.85	1.32	1.01
上海	1.23	1.00	1.02	1.21	1.25	1.00	1.11	1.12	1.09	1.00	1.00	1.09	1.24	1.00	1.16	1.06	1.14	1.00	1.04	1.09
江苏	1.22	1.20	1.01	1.00	1.01	0.78	1.29	1.00	1.24	1.07	1.16	1.00	1.21	0.98	1.24	1.00	1.22	0.92	1.35	0.98
浙江	1.06	1.04	1.01	1.01	1.13	0.87	1.28	1.01	1.17	1.01	1.16	1.01	1.24	1.01	1.23	1.00	1.20	0.92	1.31	1.00
安徽	1.20	1.20	1.00	1.00	0.89	0.69	1.29	1.00	1.17	1.03	1.14	1.00	1.20	0.93	1.29	1.00	1.23	0.91	1.35	1.00
福建	1.12	1.11	1.01	1.00	0.80	0.61	1.29	1.01	1.15	0.99	1.16	1.00	1.20	0.96	1.25	1.00	1.20	0.85	1.41	1.00
江西	0.99	0.99	1.00	1.00	1.07	0.81	1.32	1.00	1.14	0.99	1.15	1.00	1.22	0.97	1.27	1.00	1.24	0.89	1.39	1.00
山东	1.31	1.29	1.01	1.00	1.05	0.80	1.30	1.00	1.22	1.06	1.16	1.00	1.23	1.02	1.21	1.00	1.22	0.94	1.29	1.00
河南	1.04	1.04	1.01	1.00	0.91	0.70	1.29	1.01	1.22	1.06	1.15	1.00	1.22	0.96	1.27	1.00	1.32	0.95	1.38	1.01
湖北	1.33	1.33	1.01	1.00	0.88	0.68	1.29	1.00	1.13	0.99	1.14	1.00	1.20	0.93	1.28	1.00	1.27	0.93	1.36	1.01
湖南	1.04	1.04	1.00	1.00	1.11	0.89	1.25	1.00	1.18	1.04	1.13	1.00	1.23	0.93	1.32	1.00	1.29	0.99	1.31	1.00
广东	1.04	0.89	1.17	1.00	1.16	0.95	1.25	0.97	1.33	1.08	1.28	0.96	1.01	0.89	1.07	1.07	1.17	0.90	1.30	1.00
广西	1.11	1.10	1.01	1.00	1.09	0.90	1.21	1.00	1.26	1.08	1.16	1.00	1.29	1.01	1.29	0.99	1.26	0.92	1.36	1.00
海南	1.07	1.06	1.01	1.00	0.79	1.03	0.48	1.62	1.31	1.13	1.16	1.00	1.15	0.91	1.28	1.00	1.25	0.92	1.36	1.00

续表

省份	2003~2004年				2004~2005年				2005~2006年				2006~2007年				2007~2008年			
	EPI	REC	MI	EBI	EPI	REC	MI	EBI	EPI	REC	MI	EBI	EPI	REC	MI	EBI	EPI	REC	MI	EBI
重庆	1.13	1.11	1.01	1.00	0.90	0.68	1.33	1.00	1.17	1.01	1.16	1.00	1.32	1.09	1.22	1.00	1.35	1.04	1.30	1.00
四川	1.26	1.25	1.02	1.00	1.14	0.88	1.26	1.02	1.24	1.07	1.14	1.01	1.33	1.07	1.26	0.99	1.41	1.07	1.33	0.98
贵州	1.24	1.23	1.01	1.00	1.26	1.04	1.18	1.03	1.42	1.12	1.27	1.00	1.18	0.88	1.47	0.91	1.54	1.01	1.53	1.00
云南	1.05	0.82	1.28	1.00	0.95	0.77	1.18	1.05	1.11	0.95	1.16	1.01	1.17	0.94	1.25	1.00	1.18	0.84	1.41	1.00
西藏	1.49	1.00	1.00	1.49	1.10	1.00	1.07	1.02	1.59	1.00	1.20	1.32	1.38	1.00	1.24	1.12	1.07	1.00	1.00	1.07
陕西	1.00	0.81	1.26	0.97	1.13	0.84	1.37	0.98	1.05	0.86	1.21	0.99	0.96	0.87	1.11	0.99	1.18	0.87	1.39	0.98
甘肃	1.21	1.21	1.00	1.00	0.88	0.70	1.17	1.09	1.34	1.16	1.16	1.00	1.30	1.06	1.24	0.99	1.15	0.89	1.30	1.00
青海	0.52	0.44	1.36	0.86	0.19	0.25	0.44	1.71	1.18	1.03	1.14	1.00	1.15	0.89	1.29	1.00	1.14	0.85	1.33	1.00
宁夏	1.22	1.22	1.00	1.00	1.01	0.77	1.34	0.98	1.05	0.91	1.16	1.00	1.21	0.99	1.23	1.00	1.26	0.96	1.32	0.99
新疆	0.93	0.92	1.01	1.00	1.11	0.89	1.24	1.00	1.00	0.86	1.16	1.00	1.00	0.78	1.28	1.00	1.11	0.82	1.35	1.01
平均值	1.14	1.08	1.04	1.02	0.99	0.80	1.21	1.06	1.21	1.01	1.16	1.02	1.24	0.99	1.24	1.01	1.24	0.93	1.33	1.01
标准差	0.18	0.19	0.09	0.10	0.22	0.19	0.21	0.17	0.14	0.09	0.06	0.06	0.23	0.19	0.08	0.05	0.10	0.03	0.03	0.03

省份	2008~2009年				2009~2010年				2010~2011年				2011~2012年				2012~2013年			
	EPI	REC	MI	EBI	EPI	REC	MI	EBI	EPI	REC	MI	EBI	EPI	REC	MI	EBI	EPI	REC	MI	EBI
北京	1.04	1.00	1.02	1.02	1.19	1.00	1.11	1.07	1.08	1.00	1.00	1.07	1.15	1.00	1.06	1.08	1.15	1.00	1.10	1.05
天津	1.20	1.10	1.10	0.99	1.03	0.85	1.18	1.03	1.13	1.10	1.02	1.03	1.18	1.14	1.03	1.00	1.07	1.06	1.01	1.00
河北	1.14	1.12	1.02	1.00	1.20	1.00	1.20	0.99	0.85	0.85	1.01	0.99	1.14	1.09	1.05	1.00	1.13	0.94	1.21	1.00
山西	0.99	0.97	1.02	1.00	1.06	0.88	1.20	1.00	1.28	1.28	1.00	1.00	1.09	1.09	1.02	0.99	1.15	1.15	1.00	1.00
内蒙古	0.97	0.92	1.08	0.98	0.85	0.69	1.22	1.01	1.15	1.14	1.01	1.01	1.06	1.05	1.02	0.99	1.04	1.03	1.01	1.00
辽宁	1.14	1.12	1.02	1.00	1.28	1.07	1.20	1.00	0.97	0.95	1.00	1.00	1.13	1.06	1.07	1.02	1.22	1.14	1.11	0.96
吉林	1.19	1.17	1.01	1.00	1.23	1.02	1.20	1.00	0.97	0.97	1.00	1.14	1.17	1.11	1.05	1.00	1.15	0.95	1.21	1.00
黑龙江	1.03	1.01	1.01	1.07	1.22	1.01	1.20	1.14	1.13	1.13	1.00	1.00	0.99	0.94	1.05	1.00	1.12	0.93	1.21	1.00
上海	1.07	1.00	1.07	1.00	1.14	1.00	1.17	1.00	1.03	1.00	1.00	1.00	1.07	1.00	1.07	1.03	1.06	1.00	1.02	1.04
江苏	1.19	1.13	1.05	1.00	1.12	0.95	1.17	1.00	1.04	0.96	1.08	1.00	1.20	1.13	1.06	1.00	1.03	0.89	1.12	1.03
浙江	1.05	1.00	1.05	1.00	1.20	1.03	1.16	1.00	1.09	1.01	1.08	1.00	1.19	1.12	1.06	1.00	0.97	0.85	1.09	1.05

续表

省份	2008~2009 年				2009~2010 年				2010~2011 年				2011~2012 年				2012~2013 年			
	EPI	REC	MI	EBI	EPI	REC	MI	EBI	EPI	REC	MI	EBI	EPI	REC	MI	EBI	EPI	REC	MI	EBI
安徽	1.19	1.18	1.02	1.00	1.25	1.04	1.20	1.00	1.19	1.19	1.00	1.00	1.17	1.12	1.05	1.00	1.16	0.96	1.21	1.00
福建	1.12	1.09	1.02	1.00	1.18	1.02	1.16	1.00	1.22	1.18	1.02	1.01	1.15	1.08	1.07	0.99	1.15	0.95	1.21	1.00
江西	1.04	1.02	1.02	1.00	1.54	1.28	1.20	1.00	0.96	0.96	1.00	1.01	1.12	1.05	1.06	1.01	1.11	0.92	1.21	1.00
山东	1.17	1.10	1.07	1.00	1.10	0.96	1.14	1.01	1.03	0.96	1.09	0.99	1.17	1.09	1.08	0.99	1.06	0.93	1.13	1.00
河南	1.16	1.14	1.02	1.00	1.18	1.00	1.19	0.98	1.13	1.07	1.02	1.03	1.20	1.13	1.06	1.00	1.02	0.88	1.14	1.02
湖北	1.27	1.24	1.02	1.00	1.29	1.10	1.20	0.98	1.04	0.99	1.04	1.01	1.22	1.12	1.08	1.00	1.12	0.93	1.20	1.00
湖南	1.18	1.16	1.01	1.00	1.26	1.05	1.20	1.01	1.22	1.20	1.00	1.02	1.21	1.12	1.07	1.00	1.08	0.90	1.19	1.01
广东	1.27	1.18	1.06	1.01	1.15	1.01	1.12	1.00	1.33	1.24	1.09	0.98	1.10	1.04	1.07	1.00	1.03	0.96	1.04	1.03
广西	1.17	1.15	1.02	1.00	1.23	1.02	1.20	1.00	2.11	2.06	1.00	1.03	1.12	0.96	1.08	1.00	1.17	0.97	1.21	1.00
海南	0.94	0.93	1.02	1.00	0.99	0.84	1.20	0.99	1.14	1.07	1.07	0.99	1.03	1.04	1.08	1.00	0.94	0.87	1.02	1.06
重庆	1.62	1.51	1.07	1.01	1.35	1.19	1.18	0.96	1.47	1.33	1.08	1.02	1.09	1.04	1.05	1.00	0.99	0.87	1.13	1.00
四川	1.26	1.16	1.08	1.00	1.16	0.98	1.19	0.99	1.47	1.32	1.07	1.04	1.35	1.28	1.06	0.99	1.12	1.00	1.12	1.01
贵州	1.17	1.13	1.04	1.00	1.43	1.14	1.26	0.99	0.27	0.25	1.00	1.06	1.12	1.01	1.12	0.99	1.15	0.98	1.17	1.00
云南	1.11	1.08	1.02	1.01	1.27	1.13	1.13	0.99	0.65	0.60	1.12	0.98	1.16	1.08	1.08	1.00	1.09	0.90	1.21	1.00
西藏	1.15	1.00	1.03	1.11	1.15	1.00	1.00	1.15	0.75	0.75	1.00	1.00	1.15	1.10	1.05	1.01	1.13	0.93	1.21	1.00
陕西	1.24	1.17	1.05	1.01	1.23	1.08	1.13	1.01	0.96	0.88	1.09	0.99	1.25	1.16	1.06	1.00	1.15	0.96	1.20	1.00
甘肃	1.03	0.97	1.06	1.00	1.10	0.94	1.17	1.00	0.98	0.94	1.02	1.02	1.22	1.13	1.08	1.00	1.02	0.98	1.02	1.03
青海	1.09	1.08	1.01	1.00	1.15	0.96	1.20	1.00	1.20	1.20	1.00	1.00	1.14	1.08	1.05	1.00	1.07	0.88	1.21	1.00
宁夏	1.23	1.16	1.06	1.01	0.96	0.81	1.18	1.01	0.88	0.86	1.00	1.03	1.11	1.04	1.08	0.99	1.07	0.90	1.17	1.02
新疆	0.91	0.89	1.02	1.00	1.20	1.00	1.20	1.00	0.89	0.89	1.03	1.00	0.99	0.94	1.05	1.00	1.01	0.83	1.21	1.00
平均值	1.14	1.09	1.04	1.01	1.18	1.00	1.17	1.00	1.08	1.04	1.03	1.01	1.14	1.07	1.06	1.00	1.09	0.95	1.14	1.01
标准差	0.13	0.12	0.03	0.02	0.13	0.11	0.06	0.04	0.30	0.29	0.04	0.02	0.07	0.07	0.02	0.02	0.07	0.07	0.08	0.02

注:EPI、REC、MI 和 EBI 分别为环境绩效变化指数、相对生态效率变化、环境技术变化的数量指标和环境技术变化的偏向性指标;表中所有数据均由笔者根据 2004~2014 年《中国统计年鉴》中的相关数据计算得出

（2）长江上游地区工业环境绩效改善的主要原因在于环境技术进步，而环境绩效恶化的主要原因则在于相对生态效率恶化。在2003～2013年，长江上游地区工业的平均环境技术变化和相对生态效率变化的累积值分别为4.80和1.30，而且除2003～2004年之外，各年度平均环境技术变化都高于平均的生态效率变化，这说明分析期间环境技术进步比相对生态效率的改善更大地促进了该区域环境绩效的提升；对于环境绩效恶化的省份来说，包括2004～2005年的重庆（0.90）、云南（0.95），2010～2011年的贵州（0.27）、云南（0.65），2012～2013年的北京（0.99），各年度的相对生态效率变化都小于1，它们在这些年度的环境绩效变化都处于恶化状态，但相应年份的环境技术变化都大于1，这说明分析期间生态效率恶化是引起这些省份环境绩效恶化的根本原因。

（3）长江上游及整个中国地区工业发展中的环境技术变化基本上是希克斯中性的。从图4-1和表4-3可以明显地看出，在2003～2013年，全国各省份环境技术变化的偏向性指标累积值和年度偏向性指标虽然并非都等于1，但是大部分都接近1。具体来说，2003～2013年各年全国环境技术变化的偏向性指标分别为1.00、1.03、1.01、0.98、1.00、1.01、0.98、1.03、1.00和1.00，而且该指标在2003～2013年的累积值仅为1.19；其中长江上游地区4省（直辖市）的累积值分别为0.99、1.03、0.98和1.04。这种接近1的环境技术变化的偏向性指标具有两层含义：一是表明分析期间环境技术变化的偏向性对全国大多数省份的环境绩效改善几乎没有起到什么作用；二是表明大多数省份的环境技术进步在单位产出水平上，几乎是同等程度地减少了各种环境压力的排放量，也就是说环境技术变迁接近希克斯中性。从图4-1中还可以看出，在此期间表现出较明显的非中性环境技术变迁的省份是北京、上海和西藏，它们在2003～2013年的环境技术变化的偏向性指标累积值分别为2.09、2.26和3.06。

四、小结

本部分在生态效率视角下，结合Malmquist指数和数据包络分析法，运用基于跨期数据包络分析法的动态环境绩效评价模型，以2003～2013年中国31个省份（不包括港澳台）的工业发展经历为样本，比较分析了长江上游地区工业的环境绩效，分析结论有如下四点。

第一，长江地区工业发展中广泛地存在着环境技术无效率现象，其生态效率值低于全国同期平均水平；长江上游地区环境绩效总体上得到了改善，而且高于全国平均水平，其省际差异则比全国总体省际差异要高。以中国31个省份（不包括港澳台）的工业为样本的经验分析结论表明：长江上游地区及整个中国的工业发展中普遍存在着生态效率较低现象（生态效率值普遍低于1甚至接近0），这充分表明它们的工业静态环境绩效普遍低下，其中长江上游地区4省（直辖市）的生态效率则更低，低于分析期间任何年度的平均生态效率值，不及生产前沿省份的1/3。

第二，中国工业环境绩效的地区分布格局在分析期间没有发生显著变化，较大的环境绩效差异在波动中略有缩小；其中长江上游地区的环境绩效一直处于相对偏低位置。分析结论不仅表明该段时期内环境绩效具有较大的省际差异，而且还充分说明这种差异在此期间波动性地略有降低。与此同时，各省份环境绩效的地区分布动态基本上没有大的变动，最初环境绩效较低（较高）的省份几年后还是处于相对较低（较高）的水平，其中长江上游地区的环境绩效也一直处于相对偏低位置。之所以出现上述情况，我们认为其主要原因在于环境绩效相对落后的省份没有引进或充分使用那些最佳实践技术，而这可能源于多方面的原因，比如省际缺乏充分的合作与交流，企业为降低生产成本而没有充分引进并使用先进技术，以及经济中忽视了技术能力的提高等。

第三，中国地区工业环境绩效与工业发展水平之间没有明显的相关关系，而长江上游地区表现得更为突出。我们认为这种不相关的结论主要由下述原因引起：一是中国各省份在经济活动中没有真正树立起生态环保意识，没有严格遵守环境保护政策中的污染物排放标准；二是各省份工业中的行业门类并非等同，这样即使大家都共同遵守污染物排放标准，由于不同行业的污染物排放标准和产出效率都不尽相同，从而不可避免地导致工业环境绩效与工业发展水平之间不相关的结论;三是根据生态效率的定义,只要经济体充分使用了既有环境技术进行生产,它就具有较高的相对生态效率,这意味着经济发展水平相对落后的经济体可以选用那些适合自身发展的最佳实践技术(这通常不是最先进的技术),从而获得相对高的环境绩效[①]。

第四,长江上游地区及整个中国地区工业发展中的环境技术变化基本上是希克斯中性的,这种环境技术进步是中国工业环境绩效改善的主要原因,而其恶化的根源则主要源于相对生态效率降低。在2003~2013年,全国各省份环境技术变化的累积偏向性指标和年度偏向性指标虽然并非都等于1,但是大部分都接近1;其中长江上游地区4省(直辖市)的累积值也接近1。这具有两层含义:一是表明分析期间环境技术变化的偏向性对全国大多数省份的环境绩效改善几乎没有起到什么作用;二是表明大多数省份的环境技术进步在单位产出水平上,几乎是同等程度地减少了各种环境压力的排放量,也就是说环境技术变迁接近希克斯中性。另外,2003~2013年,长江上游地区工业的平均环境技术变化和相对生态效率变化差异大,分别为4.80和1.30,而且除2003~2004年之外,各年度平均环境技术变化都高于平均的生态效率变化,这说明分析期间环境技术进步比相对生态效率的改善更大地促进了该区域环境绩效的提升;对于环境绩效恶化的省份来说,相应年份的相对生态效率变化都小于1,而环境技术变化却大于1,这说明分析期间生态效率恶化是引起该省份环境绩效恶化的根本原因。

显然,这些经验分析结论表明,为促进长江上游地区工业经济可持续发展,需要大幅度地提高各省份的环境绩效。笔者认为,至少可以通过下述几种渠道来改善工业环境绩效。一是加大宣传力度,提高企业的生态环保意识。二是制定和实施科学合理的污染物排放标准,增强环境规制效果。三是广泛构建"官—产—学—研"四位一体的科技创新体系,不断提高先进技术的存量水平。四是扩大地区交流与合作平台建设,促进经济中最佳实践技术的推广性运用。

---

① 就生产效率并非与经济发展水平正相关来说,舒尔茨(1987)早在《改造传统农业》一书中就已经得出过类似的结论,即传统农业的生产活动是有效率的。近年的一些经验研究结论也证实了这一点,如 Kumar 和 Russell(2002)、杨文举(2006,2008)等。

五是各省份在技术引进中应从实际出发，选择那些与自身经济发展情况相一致的适宜技术，以提高先进技术的使用效率。

当然，此部分研究中也存在着一些不足，它们都有待后续研究的补充和完善。第一，研究的时间跨度较短，从而没有探讨长江上游地区环境绩效演变中的趋同或趋异现象，而这对于更全面地把握该地区工业发展中的动态环境绩效具有重要意义。第二，仅仅是通过对环境绩效变化的四重分解结果探讨了环境绩效变化的源泉，而没有对影响相对生态效率变化和环境技术变化的相关因素进行深入探讨，而后者有助于探寻促进环境绩效改善的对策措施。第三，分析数据尚停留在省级层面，为更深入地探讨环境绩效的动态演变及其决定因素，采用更加细化的市级或企业层面的数据也许会得到更好的结论。

第二节　长江上游地区工业可持续发展潜力分析

一、工业可持续发展源泉的理论分析

经济增长理论表明，要素投入积累和生产率增进都能引致经济增长，它们共同构成了经济增长的两大源泉。其中，要素投入包括劳动力、资本、土地、原材料等投入要素，而生产率则是指这些生产要素在生产活动中的利用效率。迄今关于生产率有不同的测度思路和方法，归结起来主要包括单要素生产率、多要素生产率和全要素生产率三种。顾名思义，单要素生产率指的是某种投入要素的生产率，其值为总产出与该投入要素数量之比；多要素生产率是指某几种投入要素的生产率，其值为总产出与几种投入要素数量加权和之比；全要素生产率是指所有投入要素的生产率，其值为总产出与所有投入要素数量加权和之比。因此，为促进经济增长，要么通过追加投入，要么通过提高要素生产率。

20 世纪 70 年代以来，随着经济增长中的环境破坏日趋恶化，可持续发展理念也日益深入人心，人们在经济增长过程中不断强化了对环境保护的意识和行为。大家一致认为，一味地追求高投入带来高产出而不推行技术进步，将不可避免地引起环境危机。也就是说，为促进经济可持续增长，我们必须转变经济发展方式，从高投入、高产出、高污染的粗放型经济增长模式向高技术、高产出、低污染的集约型增长模型转变，从而经济增长的可持续性源泉不在于投入要素的不断积累，而应归咎于要素生产率的不断提高。近年来，经济学界涌现出一批文献，它们试图将环境变量引入经济增长模型中，进而在兼顾期望产出（如 GDP）和非期望产出（如"三废"排放）的基础上，对经济增长的源泉进行探讨，如杨文举（2011b）、杨文举和龙睿赟（2012a，2012b）。这些研究一致表明，经济可持续发展的源泉不能寄希望于不断地增加要素投入，其原因一方面在于各种投入要素都是日益稀缺的，另一方面则在于从物质平衡原理出发，一旦生产率不变，要素投入增加的同时势必会引起各种污染性坏产出的增加。因此，促进经济可持续发展的最终源泉在于提高要素的生产率。一般来说，全要素生产率的变动主要归结为技术效率变化、配置效率变化、规模效率变化和技术进步等多重因素。

与此同时，学术界也涌现了一组研究，它们从生态效率（或环境绩效、环境效率）的角度出发，对经济可持续发展的情况进行测度。虽然生态效率水平与可持续发展水平并不等同，但是该指标确实从产出角度对经济活动的可持续性（或可持续发展潜力）进行了一定程度的测度。由于该指标是以经济活动中的最佳实践单元为标杆而得出的一个相对性指标，其值介于 0～1，该值越小，说明其在经济活动中对环境造成的负面影响越大，这同时也意味着它们有更大的空间去改进它们的生产活动，从而实现经济增长与环境保护双赢。为探寻生态效率变动的源泉，可进一步将静态的生态效率指标动态化，得出一个衡量相邻时期间的环境绩效变化的环境绩效指数（具体的计算模型见第三章），通过借鉴 Malmquist 指数的多重分解思路，可将环境绩效指数分解为相对生态效率的变动和技术变动两大部分。显然，从提高生态效率（或环境绩效）的角度出发，为促进经济可持续发展，要么是不断地改善相对生态效率，要么是不断地提高经济活动中的技术水平，从而不断地将投入资源从流向非期望产出转向期望产出。也就是说，通过推进经济活动中的技术进步来推动节能减排和提高产出，从而实现经济增长与环境保护双赢。因此，在基于生态效率的经济可持续发展框架下，经济体可持续发展的程度和潜力都可由生态效率来进行测度。其中，生态效率越高，意味着该经济体越接近经济可持续发展的实践前沿，从而对于其他具有相对更低生态效率的经济体来说，其经济可持续发展潜力则相对较小；反之则反是。

二、中国工业可持续发展前沿分析————————————

生态效率作为一个相对指标，其值为 1 就意味着相应的生产单元经历了经济活动中的最佳实践，即以最小的环境代价获得了最大的期望产出，这些生产单元的集合就构成了经济活动的生产前沿，它们是其他位于生产前沿下的决策单元的活动标杆。为确定国内工业的可持续发展前沿，此部分在本章第一节的分析基础之上，对 2003～2013 年 341 个数据点所进行的生态效率测度结果进行梳理，得出各年的生产前沿构成情况，见表 4-4。

表中数据表明，在 2003～2013 年，中国省份工业 341 个生产数据点中，仅有 30 个点位于生产前沿上，不足总量的 10%，而且其中没有一个数据点属于长江上游地区。在 11 年中，一直位于生产前沿上的省份只有上海市，而且位于生产前沿上的省份个数基本上呈现出不断减少的趋势，其中 2003 年为 4 个省份，2004 年为 2 个省份，2005～2010 年均为 3 个省份，2011～2013 年则均为 2 个省份。之所以出现这种现象，我们认为其原因主要在于各省份环境绩效改善差异较大，这在本章第一节的分析中已经得出结论。具体来说，这种差异较大的环境绩效改善使得改善迅速的省份（如上海）遥遥领先，从而一直处于生产前沿上，而那些改善较慢的省份要么是从原来的生产前沿上滑落到前沿内部，要么是一直位于前沿内部。当然，由于生态效率衡量的是单位排放的增加值，所以那些一直位于生产前沿上的省份其工业增长速度未必一直处于前列，而有可能是它们在较低的经济增长速度下伴随着低排放，也就是说节能减排的实施取得了好的效果。

表 4-4　中国省份工业经济可持续发展前沿构成（2003～2013 年）

省份	2003 年 GDP	SO₂	YFC	COD	AN
北京	1065	11.40	6.14	1.00	0.11
上海	2895	31.56	6.66	4.40	0.34
西藏	13	0.07	0.27	0.10	0.00
青海	11	5.05	9.72	0.30	0.00

省份	2004 年 GDP	SO₂	YFC	COD	AN
北京	—	—	—	—	—
上海	3256	35.00	7.00	3.80	0.25
西藏	13	0.10	0.38	0.10	0.00
青海	—	—	—	—	—

省份	2005 年 GDP	SO₂	YFC	COD	AN
北京	1369	10.50	5.02	1.10	0.10
上海	3744	37.50	6.02	3.70	0.20
西藏	15	0.10	0.40	0.10	0.00
青海	—	—	—	—	—

省份	2006 年 GDP	SO₂	YFC	COD	AN
北京	1418	9.40	4.48	0.90	0.06
上海	4173	37.40	5.68	3.50	0.30
西藏	18	0.10	0.20	0.10	0.00
青海	—	—	—	—	—

省份	2007 年 GDP	SO₂	YFC	COD	AN
北京	1530	8.29	4.00	0.66	0.07
上海	4615	36.44	4.80	3.38	0.27
西藏	22	0.08	0.20	0.09	0.00

省份	2008 年 GDP	SO₂	YFC	COD	AN
北京	1561	5.78	3.50	0.49	0.04
上海	4910	29.80	4.90	2.77	0.24
西藏	23	0.12	0.20	0.08	0.00

省份	2009 年 GDP	SO₂	YFC	COD	AN
北京	1648	5.99	3.60	0.49	0.05
上海	4644	23.93	4.40	2.90	0.20
西藏	25	0.17	0.20	0.07	0.00

省份	2010 年 GDP	SO₂	YFC	COD	AN
北京	1878	5.68	3.78	0.49	0.04
上海	5426	22.15	5.15	2.16	0.32
西藏	30	0.10	0.20	0.11	0.00

省份	2011 年 GDP	SO₂	YFC	COD	AN
北京	1945	6.13	2.94	0.71	0.04
上海	5790	21.01	6.64	2.74	0.26

省份	2012 年 GDP	SO₂	YFC	COD	AN
北京	2058	5.93	3.08	0.63	0.04
上海	5827	19.34	6.37	2.62	0.23

省份	2013 年 GDP	SO₂	YFC	COD	AN
北京	2182	5.20	2.72	0.61	0.03
上海	5977	17.29	6.72	2.55	0.19

注：GDP、SO₂、YFC、COD 和 AN 分别代表工业增加值、工业二氧化硫排放量、工业烟尘粉尘排放量、工业废水中的化学需氧量、工业废水中的氨氮排放量

三、长江上游地区工业可持续发展潜力比较————

前面的生产前沿构成分析表明，仅上海市一直处于生产前沿上，也就是说其工业发展一直都表现为国内所有省份中单位排放量下工业增加值最大的省份。因此，为探讨长江上游地区各省份工业可持续发展潜力，以上海作为参照是理所当然的事情。为此，下面结合生态效率的含义，从节能减排与经济增长的角度，对长江上游地区3省1直辖市的工业可持续发展潜力进行简要分析。

从表4-5中很容易看出，与上海市相比，长江上游地区各省份的生态效率值都很低下，比值介于2.86～14.29，这充分说明长江上游地区在单位排放量下的工业增加值的提升空间很大，也就是说它们通过提高技术水平并推行节能减排的空间较大。从节能减排角度而言，总体来说4省（直辖市）工业可持续发展的潜力从大到小依次为重庆、云南、贵州和四川，它们的平均生态效率依次为0.15、0.16、0.18和0.21，基本上不足上海市的1/5。也就是说，在工业增加值不变的情况下，通过采用经济中最佳实践的节能减排技术，它们可以分别降低排放量的85%、84%、82%和79%。与此同时，在排放量不变的情况下，通过采用经济中最佳实践的节能减排技术，它们可以分别提高工业增加值的85%、84%、82%和79%。显然，这对于都处于相对落后水平的长江上游地区而言，它们可以凭借强大的后发优势，不断引进吸收生产活动中的前沿技术，更大程度地深化节能减排并促进工业经济增长。

表4-5 长江上游地区及上海市工业生态效率一览表（2003～2013 年）

年份	上海	重庆		四川		贵州		云南	
	生态效率	生态效率	倍数	生态效率	倍数	生态效率	倍数	生态效率	倍数
2003	1.00	0.12	8.33	0.13	7.69	0.17	5.88	0.29	3.45
2004	1.00	0.13	7.69	0.17	5.88	0.21	4.76	0.24	4.17
2005	1.00	0.09	11.11	0.15	6.67	0.22	4.55	0.18	5.56
2006	1.00	0.09	11.11	0.16	6.25	0.25	4.00	0.17	5.88
2007	1.00	0.10	10.00	0.17	5.88	0.22	4.55	0.16	6.25
2008	1.00	0.10	10.00	0.18	5.56	0.22	4.55	0.14	7.14
2009	1.00	0.15	6.67	0.21	4.76	0.25	4.00	0.15	6.67
2010	1.00	0.18	5.56	0.21	4.76	0.28	3.57	0.17	5.88
2011	1.00	0.24	4.17	0.27	3.70	0.07	14.29	0.10	10.00
2012	1.00	0.25	4.00	0.35	2.86	0.07	14.29	0.11	9.09

年份	上海	重庆		四川		贵州		云南	
	生态效率	生态效率	倍数	生态效率	倍数	生态效率	倍数	生态效率	倍数
2013	1.00	0.22	4.55	0.35	2.86	0.07	14.29	0.10	10.00
均值	1.00	0.15	6.59	0.21	4.68	0.18	5.42	0.16	6.08

注：表中的倍数指的是上海与相应省份的生态效率之比

当然，为顺利促进长江上游地区工业可持续发展，它们仅有这种潜在的后发优势是不够的。为将这种后发优势的潜在性转变为现实性，这需要该地区不断地提高其技术（吸收）能力，如提高人力资本存量、加强基础设施建设、深化对外开放合作、多渠道实施技术转移战略，以及动态地进行适宜技术选择等。

四、小结

此部分结合规范分析和实证探讨，从生态效率视角出发，对长江上游地区工业可持续发展潜力进行了探讨。经验分析结论表明，长江上游地区工业可持续发展潜力巨大，其可持续发展的源泉主要在于不断改善生态效率和提高技术水平，具体分析结论有如下几点。首先，在资源日益稀缺的当代，经济可持续发展的源泉在于不断提高全要素生产率。其次，长江上游地区的生态效率很低，都低于全国平均水平，其水平值不到前沿省份上海市的1/5。再次，长江上游地区各省份都有较大潜力提高生态效率水平，一旦采用经济中的最佳实践前沿生产技术，它们在维持"三废"排放水平不变的前提下，都可以增加80%左右的增加值，或在维持期望产出不变的前提下，都可以降低80%左右的"三废"排放量。最后，长江上游地区工业经济可持续发展的源泉主要在于不断改善生态效率和提高技术水平。显然，为促进长江上游地区工业可持续发展，我们有必要通过多种渠道提升其技术能力，并进行与其经济发展环境相一致的适宜技术选择，从而不断改善技术的使用效率和促进技术进步，最终实现经济增长与环境保护双赢。

第五章

长江上游地区工业环境绩效的影响因素及趋同分析

第一节　EKC 理论视角的工业环境绩效影响因素分析

毋庸置疑，环境状况与人类活动息息相关。然而，学术界、政界和实业界关于环境绩效影响因素的探讨都还没有一致结论。原因可能一方面在于实证分析中相关经验数据难以准确获取，另一方面在于所探讨的环境绩效涉及的对象存在差异（包括国家层面、区域层面、行业层面和企业层面等）。本书结合既有相关研究，从环境库兹涅茨曲线的形成机制出发，对工业环境绩效的主要影响因素进行简单的理论分析。

一、环境库兹涅茨曲线的提出

Grossman 和 Krueger（1991）首次实证研究了环境质量与人均收入之间的关系，结果发现污染在低收入水平上随人均 GDP 增加而上升，高收入水平上随 GDP 增长而下降，1992 年世界银行发行的《1992 年世界发展报告：发展与环境》对此扩大了影响。Panayotou（1993）借用 1955 年库兹涅茨界定的人均收入与收入不均等之间的倒 U 形曲线，首次将环境质量与人均收入间的倒 U 形关系称为环境库兹涅茨曲线（EKC）。该理论认为，经济发展水平（人均收入水平）和环境污染程度之间存在着倒 U 形关系，即经济发展水平对环境绩效的影响有一个阈值，在此之前二者是正相关关系的，在此之后二者却呈现出反向变化关系，如图 5-1 所示。

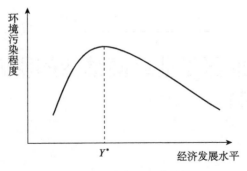

图 5-1　环境库兹涅茨曲线

二、环境库兹涅茨曲线的形成机制[①]

环境库兹涅茨曲线提出后，学术界对环境质量与经济发展水平间的倒 U 形关系的形成机制从多方面进行了深入探讨，丰富和发展了 EKC 理论。虽然一些学者对这些研究成果进行了不同程度的质疑，详见佘群芝（2008）、钟茂初和张学刚（2010）的综述性研究，不可否认的是，EKC 理论的探讨对于分析环境绩效的影响因素具有积极的借鉴意义，下面对 EKC 形成机制的主要论述进行简要介绍。

1. 规模效应、技术效应和结构效应

Grossman 和 Krueger（1991）从规模效应、技术效应和结构效应三个方面探讨了经济增长对环境绩效的影响：①规模效应对环境绩效产生负面影响：一方面，经济增长通过增加资源的使用对环境带来不利影响；另一方面，经济增长带来更多产出和污染排放，后者也对环境带来压力。②技术效应对环境绩效产生正面影响：经济发展水平的不断提高和科技进步从两方面对环境绩效产生正面影响。一方面，当其他条件不变时，技术进步会提高生产率，从而提高资源的使用效率，降低单位产出的资源投入，削弱经济活动对自然与环境的负面影响；另一方面，科技进步将催生一系列清洁生产技术并逐渐取代肮脏生产技

---

① 此部分相关研究的更详细探讨参见：佘群芝.2008.环境库兹涅茨曲线的理论批评综论.中南财经政法大学学报，（1）：20-26；钟茂初，张学刚.2010.环境库兹涅茨曲线理论及研究的批评综论.中国人口·资源与环境，（2）：62-67.

术，这可以有效地循环利用资源和降低单位产出的污染物排放。③结构效应最初对环境绩效产生负面影响，随后对环境绩效产生正面影响：在经济发展水平不断提高的过程中，产出结构和投入结构都不断优化升级，在由农业向能源密集型重化工业转变阶段，经济结构变动增加了污染排放，恶化了环境；在由重化工业转向低污染的服务业和知识密集型产业阶段，单位产出的资源要素投入和污染排放量都大幅减少，环境绩效得以不断提升。总体来说，在经济起飞阶段，随着经济发展水平的不断提高，资源的使用和废弃物资排放量都不断加大，二者呈现出正相关关系；随后经济发展水平不断提高，技术效应和（正面的）结构效应超过了规模效应，从而二者呈现出负相关关系。

2. 需求者的环境质量偏好变化

Neha（2002）、Chavas（2004）、佘群芝（2008）、钟茂初和张学刚（2010）、周国富和李时兴（2012）等从环境质量偏好变化角度出发对经济发展水平与环境绩效之间的关系进行了探讨。在经济发展水平低下阶段，社会群体更关注收入水平而较少关注环境质量，结果是贫穷加剧了环境绩效恶化；一旦收入水平提高，人们将更加关注生活环境质量，产生较高的环境质量需求，这主要表现在他们希望购买环境友好型产品、不断强化环境保护压力、更愿意接受严格的环境规制等方面，结果是带动了经济结构性变化和减缓了环境绩效恶化。

3. 环境规制（环境政策）

Hettige 等（2000）、Selden 和 Song（1994）、刘伟明和唐东波（2012）、李玲和陶锋（2012）等从环境规制角度探讨了经济发展水平与环境绩效之间的关系。这些研究普遍认为，在经济发展水平低下阶段，比如农业在国民经济中占主导地位阶段，社会几乎不会采取环境规制措施来影响环境质量，结果是随着收入水平的不断上升，环境绩效也不断恶化；一旦经济发展到一定阶段，环境恶化问题也日益浮出水面，人类的环境规制活动开始显现并不断强化，环境规制措施也不断得以丰富，结果是严格的环境规制引起经济结构向低污染转变，环境绩效也得以不断改善。

4. 市场机制

Panayotou（1993）、Torras 和 Boyce（1998）、佘群芝（2004）等从市场机制角度对环境库兹涅茨曲线进行了补充性理论阐释。这些研究认为，随着经济发展水平的不断提升，市场机制也得以不断完善，从而自然资源价格更加准确地体现了资源的稀缺性，促使社会更加趋向于资本技术密集型方向发展，资源的使用效率不断提升，这种市场内在的自我调节机制会减缓环境的恶化。同时，市场机制的不断完善还会促使市场参与者日益重视环境质量，这从一定程度上对环保起到了重要作用，比如银行拒绝对环保不力企业贷款等。

5. 减污技术

Stokey（1998）、Dinda（2005）、Brock 和 Taylor（2010）、陆旸和郭路（2008）、樊海潮（2009）、佘群芝和王文娟（2012）、周国富和李时兴（2012）等从减污技术角度出发探讨了 EKC 曲线的形成机制。这些研究认为，减污技术的推行始于经济发展水平的某个阈值，在此阈值之前，经济发展中未对减污技术进行开发，结果是经济发展水平的提升伴随着污染增加；在此阈值之后，人们逐渐对各种各样的减污技术投资，从而使经济发展水平提升与环境质量改善相并存。

6. 国际贸易

Lopez（1994）、Copeland 和 Taylor（2004）、胡亮和潘厉（2007）、高静和黄繁华（2011）、蒋伟和刘牧鑫（2011）、梅林海和谭轶（2012）等从国际贸易角度对 EKC 的形成机制进行了探讨。这些研究认为，在发达国家（或地区）不断地向发展中国家（或地区）进行国际贸易和外商直接投资的同时，一些污染也发生了转移，从而发达国家（或地区）的环境绩效逐渐转好，而发展中国家的环境绩效则日趋恶化。

三、工业环境绩效的主要影响因素

1. 经济发展水平

尽管一些经验研究结论表明，经济发展水平与环境质量间的关系并非是单一的倒 U 形，而是呈现多种形态。比如，Dinda 等（2000）得出了 U 形曲线；Friedl 和 Getzner（2003）、彭水军和包群（2006）得出了 N 形曲线；曹光辉等（2006）得出了单调上升曲线；周国富和李时兴（2012）得出不同污染物与经济发展水平间存在多种形态的曲线，其中工业废水的 EKC 为倒 U 形，工业废气、工业固体废弃物的 EKC 为曲线都呈现出单调上升趋势且后者比前者更为平坦；

而 Richmond 和 Kaufmann（2006）则认为两者之间不存在显著关系，等等。但不可否认的是，众多经验研究结论还是认为经济发展水平与环境质量之间是有一定关系的，只不过这种相关关系因分析对象的差异而存在不同情况。就长江上游地区而言，虽然已经进入工业化快速推进阶段，但由于各地区经济发展水平差距大，仍然有少数地区尚处于轻工业占主导地位的发展阶段，而重化工业在国民经济发展中的生态环境压力较大。因此，本书初步认为，长江上游地区省份经济发展水平对其工业环境绩效是存在或多或少影响的。

2. 经济结构

作为衡量经济活动环境绩效的一个简便易行的指标，生态效率指的是单位产出的环境压力。显然，不同行业、不同产品生产中不仅资源能源利用存在较大差异，而且"三废"排放量也存在较大差异。根据 EKC 理论的结构效应，随着产业结构的不断演进升级，经济结构变化会引起环境质量的相应变化。另外，经济规模结构、所有制结构也可能对工业环境绩效产生或多或少的影响。

3. 对外开放度

随着国际经济一体化进程的不断推进，一国（或地区）的对外开放情况对其经济社会发展的影响也越来越大。在对外开放程度较高的地区，国际贸易和外商直接投资的发展情况也越好。因此，对外开放程度较高的地区在承接国际产业转移方面也就更具有相对优势。当前全球产业转移的主要表现之一是发达国家将一些污染程度相对较高的重化工产业向发展中国家（如中国）大量转移，其结果是这些产业的承接地所面临的生态环境压力也越来越大，即国际产业转移中存在污染天堂假说。当然，在国际产业转移中也存在一些先进技术、管理经验的转移，这对于依靠本土技术发展重化工产业在改进环境绩效方面是具有一定积极作用的。因此，对外开放对环境绩效的影响会受到上述两组对立力量的影响，其最终结果取决于它们的相对大小。

4. 环境规制

环境规制是指为了保护环境而采取的对经济活动具有限制性的一切措施、政策、法律及其实施过程（谭娟和陈晓春，2011）；环境规制工具主要包括命令控制、市场激励等正式环境规制，以及自愿性规制、信息披露和公众参与等非正式环境规制（Gunningham and Grabosky，1998；贾瑞跃和赵定涛，2012）。

显然，环境规制实际上是公众特别是环保主义者在政府相关环境保护政策的引导下，对各种环境压力制造行为的一种约束，结果是使得企业活动的私人成本更接近其社会成本，从而最终可能促进经济发展和环境保护的双赢。不过，回到经济发展现实中我们会发现，环境规制与生态环境破坏之间的关系更倾向于正向关系，其原因主要在于国内多数省份基本上还停留在"先污染后治理"的老路上，从而生态环境破坏程度越高的地方，环境规制的力度也越大。

5. 科技水平

在改善环境绩效过程中，科技进步的作用是多方面的。一是科技进步会促进生产工艺改进或各种清洁生产技术面世，从而实现单位产出的环境压力降低。二是科技进步会催生各种各样的替代产品，这些产品生产中的副产品比既有产品生产时产生的副产品要少。三是科技进步还可以更好地处置各种副产品，从而降低环保压力。不过，科技进步对环境绩效的影响也可能是负面的。从现实中来看，科技进步对环境绩效的影响与上述分析背道而驰。众所周知，随着科技水平的不断进步，人类开发自然资源的能力不断提高，这种资源开发往往伴随着一定程度的环境破坏，从而对生态环境造成越来越大的压力，这从全球变暖、臭氧层变薄、植被破坏、水体污染等众多现实案例中可见一斑。因此，科技进步对环境绩效的影响是多方面的，其总体影响取决于各组力量的相对大小。

6. 能源投入

根据物质平衡原理，环境对经济系统的物质投入最终转变为两大类物质，即经济系统的物质积累和经济系统向环境排放的污染物。也就是说，在足够长的时期内，生产出来的产品与生产和消费过程中产生的各种污染排放量，必然与最初从环境中获得的投入数量一致。显然，经济活动中的能源投入（主要是各种碳）最终要么积淀于各种产品中，要么以碳排放的形式留存在环境中。在工业发展中，不同行业所需的能源投入是有差异的，由此可以推论，各行业的碳排放从而其环境绩效也应该是有差异的。

7. 其他因素

经济活动本身是一个复杂的行为集合，受多种因素的共同影响。工业环境绩效的影响因素毫无疑问也是很多的。比如，人力资本拥有量越多，对先进技术的使用效率就越高，从而由此引致的环境绩效改善也就越多；市场化程度越高，各种资源及排污权的价格更能体现接近其影子价格，资源使用效率也就越高，从而资源的配置越趋完善，环境绩效越好等。

第二节　长江上游地区工业环境绩效的影响因素分析

一、国内外相关研究

生态治理和环境保护是当前全球经济社会可持续发展面临的共同问题，长江上游地区正处于工业化快速推进阶段，当前及今后一段时期内不可避免地面临着巨大的生态环境压力。为避免走早期工业化国家（或地区）先污染后治理的老路，有必要探索出一条兼顾经济增长和环境保护的工业化道路。其中，深入分析工业化的经济效益和生态（环境）效益现状，并厘清其中的一些关键性影响因素，对于促进国民经济可持续发展具有至关重要的作用。近年来，国内外学术界涌现出一组有关经济活动的环境绩效评价及其影响因素的研究文献，它们对探究我国工业可持续发展道路具有很好的借鉴意义，下面对这些相关研究进行简要回顾。

环境绩效一词曾被译为环境表现、环境行为、环境效率和环境绩效等（陈汛，2008）。一些学者也将"生态效率""环境效率""环境全要素生产率"等概念等同于环境绩效。学术界普遍认为，经济活动的环境效率具有下述两个方面的含义：一是环境要素作为一种资源投入，应力求以最小的环境资源投入来获得既定产出；二是环境改善作为经济活动的一种产出结果，应力求在既定投入下获得最大程度的环境改善。在前面提到的各种环境绩效相似概念中，由Schaltegger 和 Sturm（1990）提出的生态效率一词与环境效率的上述共识很接近，它指的是产品或服务的价值与环境负荷之比，也就是单位环境负荷的经济产出，该值越大则环境绩效越高。显然，生态效率兼顾了经济活动的经济效益和环境效益，这与可持续发展理念是一致的。时至今日，在经济学及其交叉学科领域中，生态效率已被广泛应用于评估一个国家、地区和企业经济活动的环境绩效。

迄今有关生态效率测度思路及方法的研究文献并不鲜见，但是研究结论却不统一，其主要分异在于怎样选用生态效率测度中的环境压力指标，该领域的早期相关研究见吕彬和杨建新（2006）。这些研究通过单个环境压力指标来测度生态效率，或通过多个基于单个环境压力指标的生态效率测度结果进行综合分析（Tyteca，1996；诸大建和邱寿丰，2008）。这些研究要么忽略了环境压力指标的多样性，要么对经济中不同环境压力间的可替代性未予关注，它们在实际应用中都会较大地偏离现实情况。因此，在综合考虑各种环境压力的基础上来测度生态效率就十分必要，其难点在于如何合理地选择不同环境压力指标的权重。杨文举（2009）指出，现有的一些研究对此进行了三个方面的探索，但它们都不尽完善，其中通过 DEA 的内生赋权思路目前已得到了广泛应用，如 Kuosmanen 和 Kortelainen（2005）、Kortelainen（2008）等。该思路不仅区分了不同环境压力指标对环境影响的程度差异，而且加权处理结果也不受专家的主观影响，同时还考虑到了经济发展中自然资源和各种排放物之间的可替代性。不过，相关研究基本上是以即期数据来确定经济中的最佳实践前沿，一旦经济存在大幅波动或数据本身存在奇异值时，这对于跨期比较分析是不利的，甚至会出现技术倒退等一些有悖经济现实的结论，这可在跨期数据包络分析思路下进行弥补，Los 和 Timmer（2005）等称之为确定最佳实践前沿的跨期 DEA 法。

关于环境绩效的影响因素研究，学术界主要是借助于生态效率、环境全要素生产率、环境技术效率的测度并分析其影响因素。其中，Kortelainen（2008）、杨文举（2009）等在测度经济活动的生态效率基础上，借鉴 Malmquist 指数的测度及分解思路，构建出一个测度环境绩效变化的动态环境绩效指数，该指数进而被分解为环境技术变化和相对生态效率变化两个组成部分，并据此探讨了它们对环境绩效变化的影响。Doonan 等（2005）、Cole 等（2006）、马育军等（2007）、周景博和陈妍（2008）、王俊能等（2010）、杨文举（2015）等也以生态效率来测度经济活动的环境绩效，并定性探讨了环境绩效的一些影响因素，其中王俊能等（2010）、杨文举（2015）还利用适用于受限因变量的 Tobit 回归模型进行了相应的实证分析。王兵等（2008）则利用 ML 指数或其分解因子即环境技术效率测度了经济活动的环境绩效，并运用多元回归模型实证分析了环境绩效的一些影响因素。毋庸置疑，这些研究对环境绩效的影响因素都进行了一些很有价值的探讨，但是由于研究思路或研究对象的不同，它们都没有对环境绩效的影响因素进行比较系统的探讨，从而也没有得出一致结论。

综上所述，国内外相关研究在环境绩效的内涵、测度方法及影响因素等方面都进行了一些很有价值的探讨，它们为深入研究长江上游地区省份工业的环境绩效奠定了较为丰富的理论和方法论基础。其中，基于跨期 DEA 的生态效率测度思路可有效避免环境压力变量的权重选择受主观随意性的影响，充分考虑了经济发展中各种自然资源和排放物之间的可替代性，而且还可以避免经济波动或数据奇异值对测度结果的负面影响。另外，与其他回归分析模型相比，Tobit 模型在处理受限因变量方面更为合适，而基于跨期 DEA 的生态效率测度值具有上下限特点，该模型正好可以用来实证分析环境绩效的影响因素。然而，除杨文举（2015）外现有研究缺乏对这些研究工具在同一框分析架内的充分应用，而且也鲜有研究对长江上游地区环境绩效的影响因素进行系统的理论和经验探讨。有鉴于此，本部分拟在既有研究基础上，结合前面有关工业环境绩效影响因素的理论分析，构建一个基于跨期 DEA-Tobit 的环境绩效影响因素两阶段实证分析模型，对长江上游地区省份工业进行相应的经验分析。

二、变量和数据的选取

在从经验分析角度探讨工业环境绩效的影响因素时，回归分析结果的科学性与数据点的多少息息相关。一般来说，回归分析中数据点（样本）越多，回归分析结论越接近于真实情况。因此，此部分以长江上游地区 4 个省份的工业发展经历为例，尽可能多地选择样本时期，结合前面部分的规范分析结论，对工业环境绩效的一些影响因素进行实证探讨。根据前面分析得出的工业环境绩效的主要影响因素，结合数据可得性，选取下述变量来测度长江上游地区省份工业的环境绩效影响因素。具体包括：采用地区人均 GDP（RGDP）来衡量地区经济发展水平，采用大中型工业企业固定资产原价比重（DQB）、重工业固定资产原价比重（ZGB）来衡量经济结构状况，采用进出口总额占 GDP 比重（KFD）来衡量对外开放程度，采用工业环境污染治理实际投资额占工业增加值比重（WTB）来衡量环境规制水平，采用研究与试验发展人员全时当量（RD）来衡量科技水平。同时，采用工业生态效率来衡量工业环境绩效水平。限于数据有限，此部分的研究时限为2005～2012年，所有数据均由笔者根据《中国统计年鉴》（2006～2013年）和《中国工业统计年鉴》（2006～2013年）整理得出，相关数据的一般统计见表5-1。

表5-1　中国省份工业环境绩效影响因素的一般统计（2005～2012年）

统计量	EE	RGDP / （元/人）	DQB/%	ZGB/%	KFD/%	WTB/%	RD/（人·年）
平均值	0.18	11 805.01	0.76	0.72	0.02	0.00	18 027.14
中间值	0.17	10 715.02	0.75	0.70	0.01	0.00	12 964.00
最大值	0.35	24 345.42	0.85	0.79	0.05	0.01	50 533.00
最小值	0.07	4 313.54	0.66	0.66	0.01	0.00	3 646.00
标准差	0.07	4 943.84	0.05	0.05	0.01	0.00	13 143.65

注：RGDP代表地区人均GDP、DQB代表大中型工业企业固定资产原价比重（%）、ZGB代表重工业固定资产原价比重（%）、KFD代表进出口总额占GDP比重（%）、WTB代表工业环境污染治理实际投资额占工业增加值比重（%）、RD代表研究与试验发展人员全时当量（人·年）；所有用货币衡量的变量值均采用GDP平减指数（或固定资产投资价格指数）进行了调整，基期为2000年

　　显然，这些数据表明，长江上游地区各省份工业环境绩效的影响因素取值具有较大差异，具体表现在经济发展水平、经济结构、对外开放程度、环境规制水平、科技水平等五大方面。那么，这些影响因素对该地区工业环境绩效是否一定产生了影响呢？如果是的话，它们所产生的影响有无差异呢？下面将通过实证分析来回答上述问题。

三、Tobit回归模型简介

　　Tobit模型是因变量满足某种约束条件下取值的模型，也称为样本选择模型或受限因变量模型；其特点在于模型包含表示约束条件的选择方程模型和满足约束条件下的某连续变量方程模型两个部分（周华林和李雪松，2012）。该模型的原型要追溯至Tobin（1958）对被解释变量有上限、下限或者存在极值等问题的研究，人们为了纪念Tobin对这类模型的贡献，把被解释变量取值有限制、存在选择行为的这类模型称为Tobit模型。其中，Tobin（1958）在考察人们对耐用消费品的消费规律时构建了Tobit Ⅰ型回归模型；Heckman（1976）在对Tobit Ⅰ型回归模型的发展和创新基础上构建了Tobit Ⅱ型回归模型；1990年Heckman将各种类似模型结合起来构建了当前常用的Tobit回归模型，该模型对之前模型进行了改进和创新，更具科学性，已经得到广泛应用。

被解释变量有上限、下限或者存在极值等问题的这类模型实际上包含两种方程，一种是反映选择问题的离散数据模型，另一种是受限制的连续变量模型。由于本书此部分探讨的因变量即生态效率具有上限和下限特征（介于 0 和 1 之间），因此采用的是第二种模型。一般情况下，如果自变量的取值在某个范围之内或者在数据整理时进行了截断，且与自变量有关，则有式（5-1）所示的线性回归模型。其中，$i=1$，2，3，$\cdots$；Y_i 为表征环境绩效的生态效率值；X_i 是各解释变量；β^{T} 是未知参数向量；$u_i \sim N(0, \sigma^2)$。

$$Y_i = \beta_0 + \beta^{\mathrm{T}} X_i + \mu_i \tag{5-1}$$

四、经验分析：以长江上游地区省份工业为例

根据第四章计算的长江上游地区省份工业的生态效率以及此部分搜集到的相关数据（研究时限为 2005～2012 年，采用混合数据），采用 Eviews6.0 软件，对式（5-1）进行极大似然估计，结果见表 5-2。

表 5-2　中国省份工业环境绩效影响因素的 Tobit 回归结果（2005～2012 年）

变量	参数估计值	Z 统计量	P 值
ln（RGDP）	−3.2803***	−3.4933	0.0005
ln（RGDP）^{2}	0.1704***	3.2984	0.0010
DQB	−0.2997	−1.1928	0.2330
ZGB	0.5612*	1.7544	0.0794
KFD	0.7332	0.3410	0.7331
WTB	−15.6389**	−2.0536	0.0400
ln（RD）	0.0300	1.5541	0.1202
C	15.5132***	3.4840	0.0005
	log likelihood=52.0833	调整后的观测值个数=32	

注：表中 ln 表示相应变量的自然对数，所有变量的含义与表 5-1 相同

*、** 和 *** 分别表示该参数估计值在 10%、5% 和 1% 的显著性水平上通过统计检验

从表 5-2 中可以得出一些主要经验分析结果，如下所示。

（1）地方经济发展水平与环境绩效呈倒 U 形关系，长江上游地区尚处于曲线上升阶段。具体来说，表征经济发展规模的人均 GDP 的自然对数 [ln（RGDP）] 及其二次项的待估参数都在 1% 的显著性水平上通过检验，取值分别为 −3.2803 和 0.1704。也就是说，长江上游地区经济发展水平越高，其工业环境绩效越低，这与前面的理论分析结论一致。结合环境库兹涅茨曲线理论可以初

步断定，长江上游地区尚未越过倒 U 形曲线的顶点，还处于环境绩效随经济发展水平的提高而不断恶化阶段，这与该地区尚处于工业化中期阶段的事实一致。

（2）不同经济结构与环境绩效之间的关系有差异。其中，代表企业规模结构的大中型工业企业固定资产原价比重（DQB）的待估参数值即使在 10% 的显著性水平上也未能通过统计检验，但其值显示为负数，为 −0.2997。也就是说，大企业发展越好，工业环境绩效并未显示出越好的态势。究其原因我们认为主要在于有两股对立力量相互作用：一方面，企业规模越大，企业的研发队伍越强，资金实力越雄厚，更有可能购买并使用肮脏技术的替代品来进行生产，环境绩效越好；另一方面，企业规模越大（往往是一些重化工业），由于沉没成本大，在路径依赖的作用下，它们越不愿意利用新技术（或新工艺）来改造生产流程，而小企业则具有"船小好调头"的特点，它们相对容易推行节能减排技术，从而导致企业规模越大，环境绩效越差。代表行业结构的重工业固定资产原价比重（ZGB）的待估参数值为 0.5612，而且在 10% 的显著性水平下通过统计检验。该结果表明，长江上游地区工业发展中，大力发展重工业未必会显著地强化环境绩效恶化。我们认为，虽然重工业具有污染环境的内在潜质，但由于可能受国家环境规制的可能性越大，特别是近年来才上马的重化工业项目受此影响更为明显，它们采取节能减排技术的可能性越大，从而未必会导致较大程度的环境污染。其中，重工业主要包括钢铁工业、有色冶金工业、金属材料工业，这些工业生产中基本上依赖高投入、高能耗，从而可能产生大量的三废排放物质，对环境具有较严重的污染本性。然而，长江上游地区经济发展水平都相对较低，其中特别是贵州这样的落后地区的重工业发展尚处于起步阶段，这些工业项目的上马受国家产业政策影响，基本上都需要采用循环经济发展模式或其他节能减排技术，这种"从摇篮到坟墓"式的污染控制，在一定程度上控制了环境绩效恶化。

（3）经济对外开放程度对工业环境绩效的影响不明确。回归分析结果中，表征对外开放程度的进出口总额占比（KFD）的待估参数值即使在 10% 的显著性水平上也没有通过统计检验，但取值为正。也就是说，长江上游地区工业发展中，对外开放对该地区工业环境绩效的影响是模糊的，我们认为其原因主要是有以下两组对立力量存在。一方面，存在一组力量有助于环境绩效改善：一是与本土同类企业相比，外商在管理经验、生产技术等方面都具有相对优势，它们的相对环境绩效也就越高；二是在开放条件下所生产的产品更有可能面向海外消费者，从而企业有更大的压力来使用清洁生产技术生产以尽可能保证产品绿色；三是对外开放程度越高，引进先进生产技术和管理经验的可能性就越大，从而更可能采用清洁生产技术生产；四是对外开放程度越高，产品越容易进入国际市场，从而所面临的环境规制水平越高，越可能采用清洁生产技术生产。另一方面，存在一组导致环境绩效恶化的因素：在开放条件下，作为落后地区，长江上游地区承接海外一些具有劳动密集型、高能耗、高投入、高污染的工业项目可能性越大，从而开放程度越高，这种通过国际贸易转嫁的污染也就越高，越不利于落后地区的环境绩效改善。回归参数取值为正表明，这两股力量中有助于环境绩效改善的因素占相对优势，但估计值并未通过统计检验，这充分印证了学术界广为探讨的污染天堂假说。

（4）环境规制与环境绩效之间表现为反向相关关系。在回归分析结果中，表征环境规制水平的环境污染治理投资占比（WTB）的待估参数值为-15.6389，而且待估参数值在10%的显著性水平上通过Z检验。究其原因，我们认为主要在于下述几点：一是环境规制强度越大，企业面临的治理污染压力越大，它们越有可能采用清洁技术生产和末端治理，从而促进环境绩效改善；二是之所以一个地区的环境规制强度特别是治污投入越多，其原因在于该地区环境污染已相对严重，从而二者在这个意义上具有正相关关系。长江上游地区工业化水平还不高，总体上仍然处于中期阶段，近几十年的粗放型经济增长对生态环境带来了较大压力。与此同时，长江上游地区是长江流域的生态屏障，同时还面临着国际国内环境中节能减排的巨大压力。因此，各地区一方面不得不加快发展，这势必在一定程度上会恶化生态环境，同时在国家环境规制约束下不得不加大环境污染治理，特别是那些工业发展水平相对较高的地区更是如此。因此，这里得出环境规制会恶化环境绩效正充分表明，越是生态环境恶化严重的地区，被迫实施环境规制的强度也越大。

（5）科技（投入）水平与环境绩效的关系比较模糊。回归分析结果中，表征科技水平的研究与试验发展人员全时当量的自然对数［ln（RD）］的待估参数值即使在10%的显著性水平上仍然没有通过统计检验，但取值大于0，这与本章

第一节中的规范分析结论基本一致。之所以出现这种比较模糊的结论，我们认为这可能是下述两大对立力量使然，它们导致科技发展对环境绩效的影响模糊。其中，一股力量在于传统的科技发展对环境具有恶化作用。由于长江上游地区基本上都处于工业化加快推进阶段，其科技研发投入的主要运用领域并不在节能减排相关技术的研发和使用方面，从而工业生产模式整体上仍然未能超越过去忽视环境破坏的传统经济增长模式，这势必会引起在高增长的同时存在高污染，这从近年来该地区工业化进程中的环境恶化事件中可见一斑。与此同时，各地区也进行了相应的节能减排技术研发和运用，这对于改善环境绩效起到了一定的促进作用。在这两组相互对立的力量作用下，广泛意义上的科技投入对环境绩效没有产生明确的影响应属正常现象。

五、小结

本部分结合 EKC 理论视角的环境绩效影响因素分析结论，运用 Tobit 回归分析模型，以长江上游地区省份工业为样本，对环境绩效的影响因素进行了实证分析，主要结论有以下两点。

第一，Tobit 回归分析模型是实证分析环境绩效影响因素的较好选择。由于生态效率的取值介于 0 和 1 之间，也就是说取值具有上限和下限，当作为被解释变量进行影响因素分析时，基于最小二乘法的线性回归分析模型是不适用的。而 Tobit 回归分析模型正是为解决这种取值受限因变量问题的回归模型，包括反映选择问题的离散数据模型和受限制的连续变量模型两种。由于本书探讨的因变量即生态效率具有上限和下限特征（介于 0 和 1 之间），因此第二种模型即受限制的连续变量模型正好适用于此。

第二，工业环境绩效受众多因素影响。环境库兹涅茨曲线理论表明，经济发展水平、经济结构、对外开放度、环境规制、科技水平、能源投入等因素对环境绩效的演变都具有或多或少的影响。长江上游地区 4 个省份的工业样本分析结论也表明工业环境绩效的影响因素具有多样化特征。其中，地方经济发展水平（人均 GDP）与环境绩效正相关；不同经济结构与环境绩效之间的关系有所差异，其中企业规模结构（大中型工业企业固定资产原价比重）与工业环境绩效不明确，行业结构（重工业固定资产原价比重）对环境绩效具有显著的正面影响；经济对外开放程度（进出口总额占 GDP 比重）对工业环境绩效是模糊的，这印证了污染天堂假说；环境规制（环境污染治理投资额占工业增加值比重）与环境绩效之间具有显著的负相关关系，这表明该地区污染越大省份的工业污染治理投入力度也越大；而科技（投入）水平（研究与试验发展人员全时当量）与环境绩效的影响也是模糊的。

显然，为促进长江上游地区的工业环境绩效改善，我们应因地因时制宜，兼顾经济发展和环境保护，从多方面入手来进行总体设计和具体实施。既要遵循经济发展的一般规律，利用市场机制来促进资源优化配置，依靠技术进步来促进生产率及各种效率提升，同时又要在正视市场失灵的同时，利用各种环境规制手段和绿色技术研发与运用来促进节能减排，还要借助于各种环保教育，全面提升民众的生态环保意识，等等。

第三节　长江上游地区工业环境绩效的趋同分析[①]

一、引言

改革开放 30 多年来，我国经历了年均 9.9％ 的高速经济增长，其中工业增加值由 1978 年的 1607 亿元增加到 2010 年的 51 471 亿元，增加了 31.03 倍，年均增速 11.50％。[②] 与此同时，我国的高速经济增长亦付出了沉重的环境代价。环境保护部环境规划院 2012 年 1 月 16 日发布的"环境规划院完成 2009 年中国环境经济核算报告"消息称：2004～2009 年我国基于退化成本的环境污染代价从 5118.2 亿元提高到 9701.1 亿元，其中 2009 年环境退化成本和生态破坏损失成本合计 13 916.2 亿元，较 2008 年增加 9.2％，约占当年 GDP 的 3.8％；我国一次能源 CO_2 排放量从 2000 年的 34.7 亿 t 上升到 2009 年的 71.8 亿 t，增长了

---

① 此部分的前期研究成果已公开发表，详见：杨文举，龙睿赟 . 2012. 中国地区工业的生态效率测度及趋同分析：2003—2010 年 . 云南财经大学学报，（6）：37-42.
② 数据来源于 2010 年《中国统计年鉴》，并以 1978 年为基期进行了处理。

一倍，已成为世界主要的 CO_2 排放大国；"十一五"期间我国资源产出率为 320~350 美元/t，且有下降趋势，低于先进国家的 2500~3500 美元/t。[①] 作为我国后进地区的长江上游地区，其工业化基本上都处于中期阶段，近年来也经历了上述经济增长与环境恶化相并存的有增长而无发展的尴尬过程。显然，长江上游地区工业经济发展中的经济效益和生态效益并没有得到很好的兼顾，这是各地区当前及今后一段时期内亟须解决的重要问题之一。不仅如此，长江上游各地区的工业环境绩效差异也较大。根据环境库兹涅茨曲线理论，环境绩效与经济发展水平之间存在倒 U 形关系。本书的前面分析也表明，长江上游地区省份工业发展基本上都未进入倒 U 形曲线的下降阶段，这是否意味着该地区工业环境绩效的省际差距正在逐步拉大呢？

在深入贯彻落实科学发展观的今天，各地区不仅要努力提升经济效益和生态效益，而且还应促进地区经济协调发展。作为经济发展绩效的一个综合性评价指标，生态效率在地区间的差异及其演变情况，在一定程度上显示了地区经济协调发展的程度。杨文举（2009，2015）、王恩旭和武春友（2011）等研究表明，我国各地区经济活动的生态效率差异较大。那么，长江上游地区经济发展中是否存在生态效率趋同（或趋异）呢？据笔者所知，现有文献中除杨文举（2015）对中国省份工业的环境绩效趋同进行过研究外，还没有其他学者就此方面进行专门探讨。有鉴于此，本书拟以长江上游地区 4 个省（直辖市）的工业为研究对象，对生态效率是否存在趋同（或趋异）进行经验分析。

二、生态效率趋同测试模型

趋同（或趋异）测试研究发端于 20 世纪 80 年代中期的国际经济增长趋同分析（Baumol，1986），随后在经济增长研究领域得到了广泛应用，其初衷在于经验验证经济增长中是否存在后发国家（或地区）追赶发达国家（或地区）的经济增长现象，并据此检验新古典增长理论和新增长理论在阐释长期经济增长中的适用性。近年来，趋同测试分析已在经济学、管理学、社会学、环境科学等众多学科领域得到了广泛的推广和运用。其中，效率研究领域的趋同分析相对

---

① 数据来源于环境保护部环境规划院联合课题组完成的《2009 年中国环境经济核算报告》。

较少，现有研究主要是借鉴经济增长趋同研究中的 β 趋同和（或）θ 趋同测试模型，对区域技术效率（Demchuk and Zelenyuk，2009；Becerril-Torres et al.，2010）、银行效率（Weill，2009；Casu and Girardone，2010）、零售企业技术效率（Suárez and Jorge，2010）等进行趋同测试。Quah（1996）指出，β 趋同测试结果存在缺陷：一是可能得出伪趋同结论，即在后发者以更快的速度增长并超越先发者时同样会得出趋同结论；二是该思路不能得出横截面单元间的水平差距在年际变化中是否逐步缩小的结论。经济增长理论表明，β 趋同检验的是经济增长速率是否出现了后发者比先发者更快的"追赶效应"，而 θ 趋同检验的是经济增长水平（如 GDP、收入水平等）是否出现了不同国家（或地区）间的差距逐步缩小现象；β 趋同是 θ 趋同的必要条件而非充要条件，这两种趋同测试模型在检验经济发展中是否存在趋同现象时是互为补充的。因此，为较真实地反映经济增长中是否存在趋同现象，有必要同时进行 β 趋同和 θ 趋同测试。

本书分别借鉴 Weill（2009）和杨文举（2006，2015）所采用的 β 趋同和 θ 趋同测试模型进行经验分析，测试模型见式（5-2）和式（5-3）。其中，β 趋同测试在于检验生态效率的年际变化中是否存在期初生态效率较低省份的变化速率快于生态效率相对较高的省份，亦即生态效率年际变化中是否存在追赶效应；θ 趋同测试在于检验生态效率的年际变化中是否存在省际生态效率差距逐步缩小现象。

$$\ln EE_{i,t} - \ln EE_{i,t-1} = \alpha + \beta \ln EE_{i,t-1} + \varepsilon_{i,t} \tag{5-2}$$

$$SE_t = \alpha + \gamma \times T_t + \varepsilon_t \tag{5-3}$$

在式（5-2）和式（5-3）中，$\ln EE_{i,t}$ 表示第 i 个省份第 t 年生态效率的自然对数；SE_t 表示第 t 年生态效率的标准差；T 表示时间；α、β 和 γ 为待估参数；$\varepsilon_{i,t}$ 为随机扰动项。如果经验分析结论中待估参数 β 为负并统计显著，就意味着我国各省份的工业生态效率存在 β 趋同，反之则不存在趋同现象；如果 γ 为负并统计显著，则意味着我国各省份的工业生态效率存在 θ 趋同，反之则不存在趋同现象。

三、经验分析：以长江上游地区省份工业为例

1. 变量选择及数据处理

此部分采用第四章有关长江上游地区省份工业环境绩效的测度结果进行实

证分析。测度各省工业生态效率的相关变量的一般统计描述见表5-3。

表5-3　长江上游地区工业增加值及环境压力指标统计描述（2003～2013年）

统计量	工业增加值/亿元	工业 SO_2 排放量/万 t	工业烟尘粉尘排放量/万 t	工业 COD 排放量/万 t	工业氨氮排放量/万 t
平均值	2142.88	70.20	36.79	12.43	0.74
中间值	1526.95	64.18	30.90	10.08	0.42
最大值	7960.58	114.10	120.97	46.20	2.88
最小值	446.73	38.07	16.61	1.30	0.07
标准差	1786.06	21.73	23.96	10.23	0.68

注：工业增加值用 GDP 平减指数折算成 2000 年为基期的实际值

　　表5-3的统计数据表明，长江上游地区各省份的工业发展是非均衡的，它们的期望产出和非期望产出都具有较大的省际差异。其中，各省份工业增加值差异巨大，其最大最小值比超过17，而且中间值仅为最大值的19.18％。与此同时，各省份工业发展中产生的"三废"排放量亦具有巨大差异，在所选择的4个变量中，最大最小值比介于3～41，而且中间值都远低于最大值。那么，长江上游地区各省份工业发展的生态效率是否也具有较大差异呢？如果存在的话，这种差距是否随着时间推移在逐步缩小？下面将从经验分析角度出发，对上述问题进行简单探讨。

　　2. 生产前沿的确定及生态效率测度

　　以2003～2013年的面板数据为基础，运用Lingo11.0计算式（3-2）所示的线性规划，得出各省份在各年的工业生态效率及生产前沿构成，计算结果见表5-4。

表5-4　长江上游地区省份工业生态效率计算结果（2003～2013年）

省份	2003年	2004年	2005年	2006年	2007年	2008年	2009年	2010年	2011年	2012年	2013年
重庆	0.12	0.13	0.09	0.09	0.10	0.10	0.15	0.18	0.24	0.25	0.22
四川	0.13	0.17	0.15	0.16	0.17	0.18	0.21	0.21	0.27	0.35	0.35
贵州	0.17	0.21	0.22	0.25	0.22	0.22	0.25	0.28	0.07	0.07	0.07
云南	0.29	0.24	0.22	0.21	0.21	0.22	0.17	0.10	0.11	0.10
平均值	0.18	0.19	0.16	0.17	0.16	0.16	0.19	0.21	0.17	0.20	0.19
中间值	0.15	0.19	0.17	0.17	0.17	0.18	0.20	0.17	0.18	0.16
极值比	2.42	1.85	2.44	2.78	2.20	2.20	1.67	1.65	3.86	5.00	5.00
标准差	0.08	0.05	0.05	0.07	0.05	0.05	0.05	0.05	0.10	0.13	0.13

注：表中所有数据为笔者计算得出

　　这些计算结果表明，长江上游地区各省份工业发展中存在不同的生态效率水平，而且省际差异在整个分析期间有所提高；各省份的生态效率都较低，各年的平均值基本上都不到 0.21。其中，11 年中长江上游地区没有 1 个省份位于生产前沿上。根据生态效率的定义可以推论，导致生态效率省际差异的原因是多方面的，我们认为主要体现在下述三个方面。一是各省份工业行业及产品差异大，这不可避免地会导致单位产出的"三废"排放量具有较大差异。二是各省份在工业发展中对生产技术（或工艺）特别是环境技术的选用有差异，不同生产技术（或工艺）下的单位产出排放量也自然会存在一定差异。三是各省份工业发展中的技能-技术匹配情况并非等同，从而它们即使利用相同生产技术生产同种产品，由于技术有效利用程度不同也会导致单位产出的"三废"排放量具有一定差异。与此同时，长江上游地区各省份的工业生态效率省际差异在整个分析期间有所上升，其标准差由 2003 年的 0.08 波浪式地上升到 2013 年的 0.13，其中部分年份的标准差有所下降。显然，仅从这一点还难以说明长江上游地区各省份的工业生态效率水平差距是否存在逐步扩大趋势，这将在后面的趋同测试中进行经验分析。

在分析期间内，长江上游地区省份的生态效率变化差异也较大，总体来说略有提高，其中平均生态效率由 2003 年的 0.18 波浪式地提高到了 2013 年的 0.19。其中，重庆和四川的生态效率有所提高，分别由 2003 年的 0.12 和 0.13 提高到了 2013 年的 0.22 和 0.35；贵州和云南的生态效率都降低了，分别由 2003 年的 0.17 和 0.29 下降到 2013 年的 0.07 和 0.10。之所以出现这种生态效率差异性变化，我们认为其主要原因在于各省份近年来进行的行业结构调整具有较大差异。部分省份对污染性较大行业（或产品）实施了限制性发展，部分省份则对这些行业进行了技术改造或升级，同时也存在部分省份不仅没有限制这些行业（或产品）的发展，甚至还强化了它们的发展力度。前面的分析表明，行业结构差异是引起工业生态效率省际差异的主要原因之一。因此，这种差异性行业结构调整不可避免地导致省际生态效率变化差异。另外，生态效率变化的追赶效应也可能是引发省际生态效率变化差异的原因，这在后文的趋同分析中将进行经验论证。从理论上来说，在行业结构特别是产品结构相似情况下，那些采用高排放生产技术的省份存在相对较低的生态效率，它们进行技术改造升级进而降低"三废"排放量的空间就越大，从而它们在经济发展中生态效率的提升空间也越大。在经济发展现实中，特别是随着生态文明观念日益深入人心，任何国家或地区、行业及企业都会尽可能地采用相对环保的生产技术，从而以相对少的"三废"排放来获取增加值等期望产出。特别是在一个国家内部，不仅技术转移相对容易，而且各地区的技术能力也相对接近，从而更可能出现先进环保技术的推广性使用，最终促进经济发展中的生态效率趋同。一旦出现生态效率趋同，则各省份的工业生态效率不可避免地出现变化速率差异。不过，从生态效率计算结果看来，在经历生态效率较大改善（恶化）的省份中，它们在分析初期的生态效率并非都很低（很高）。也就是说，仅从这种差异性的生态效率变化结果中还难以直接判断出长江上游地区省份工业生态效率变化是否存在趋同现象，其深入论证有待专门的统计检验，下面对此进行探讨。

3. 生态效率趋同测试

生态效率趋同测试的主要目的在于经验探讨经济发展中是否存在生态效率变化的追赶效应，并最终实现各分析对象的生态效率水平都趋于一致，这可为经济发展中相关政策的制定提供决策参考。本书前面的分析结果表明，长江上游地区各省份的工业生态效率水平及其年际变化都具有较大差异，而且还可能存在生态效率趋异。这里分别采用式（5-2）和式（5-3）所示的 β 和 θ 趋同测试模型来经验验证长江上游地区省份工业的生态效率趋同现象。其中，式（5-2）采用时点—截面固定效应模型（限于空间，时点、截面固定效应估计结果这里没有列出），而式（5-3）采用一般线性回归模型，回归估计结果分别见式（5-4）和式（5-5）。其中，括号中的数据为对应待估参数估计值的 t 统计量。

$$\ln(EE_{i,t}) - \ln(EE_{i,t-1}) = -0.2144 - 0.1134 \times \ln(EE_{i,t-1}) \qquad (5\text{-}4)$$
$$(-0.9544) \quad (-0.9255)$$

$$\bar{R}^2 = 0.0867 \qquad F = 1.2848 \qquad D.W. = 2.0243$$

$$SE_t = 0.0358 + 0.0061 \times T_t \qquad (5\text{-}5)$$
$$(2.1711) \qquad (2.5293)$$

$$\bar{R}^2 = 0.3505 \qquad F = 6.3973 \qquad D.W. = 0.7474$$

在式（5-4）中，待估参数 β 虽然为负数（-0.1134），但是即使在10%的显著性水平上也未能通过 t 检验，这充分表明在2003~2013年，长江上游地区各省份的工业生态效率变化没有经历增长趋同，也就是说那些在2003年生态效率越低的省份，它们在这几年中生态效率的提高速度并非越快，反之则反是。在式（5-5）中，待估参数 γ 为 0.0061 且在 1‰ 显著性水平上通过了 t 检验，这充分表明在分析期间内，长江上游地区各省份的工业生态效率经历了水平趋异，也就是说它们的生态效率水平差距在分析期间逐步拉大了，这与前面得出的生态效率差距拉大的结论一致。值得一提的是，经济增长理论表明，增长率趋同是水平值趋同的必要条件，但水平值趋异未必需要增长率趋异。这里的经验分析表明，虽然在分析期间内，长江上游地区的生态效率变动率并没有出现那些期初生态效率较高（较低）省份的变动速度更快（更慢），但是仍然出现了各省份生态效率差异拉大的结论。实际上，只要不同的生态效率变动没有出现追赶现象，比如都以相同速度发生变化，它们之间的差异也会随之拉大。

此部分的生态效率趋同测试结果充分表明，在长江上游地区省份工业发展中存在着比较明显的生态效率趋异现象，这既与前文的理论分析结论一致，也进一步表明生态效率的趋异性也是导致该地区各省份工业生态效率变化差异较大的原因之一。同时，这些结论在我国的生态文明建设和区域经济协调发展中具有重要的政策含义。我们认为，之所以没有出现生态效率趋同，原因在于该地区不具备趋同的相关条件。经济增长理论表明，经济增长趋同需要建立在一系列条件之上一样，它们对于地区间的生态效率趋同也同样适用，具体包括下述四个方面的条件。一是各地区的生态效率水平存在差异，这样才可能出现所谓的生态效率变化的追赶效应。二是各地区的行业结构基本相似，从而它们在经济发展中才可能采用一些相似生产技术进行生产活动。三是技术转移渠道比较畅通，这样先进的环保技术才可能被推广和运用。四是各地区在技术能力（包括基础设施、人力资本、制度环境等多重要素）方面比较接近或正趋于接近，这样它们使用相同生产技术时的技术有效使用程度才可能比较接近，从而单位产出的"三废"排放量才可能趋于接近。显然，上述条件中第二条和第四条在长江上游地区基本上都不具备，所以各省份生态效率没有出现趋同是很正常的。因此，为进一步改善我国各省份的工业生态效率，我们应广泛搭建技术转移平台，以促进先进生产技术的顺利推广；同时还要不断提高落后地区的技术能力水平，以提高它们对先进技术的充分使用。

四、小结

生态效率是一个衡量经济活动生态效益和经济效益的综合性指标，它在一定程度上反映了经济可持续发展水平，其数值测度可为经济发展目标的制定提供决策参考。而生态效率趋同性分析可作为检验相关发展目标制定科学与否的经验分析工具，同时也可为经济发展决策的制定提供参考。β 趋同回归分析法和 θ 趋同回归分析法是分别从增长率和水平值两个角度，互为补充地对经济增长是否存在趋同（或趋异）进行经验测试的经典理论（或方法）。该方法运用于环境绩效趋同测试时具有适宜性，而且简便易行。此部分借鉴经济增长趋同研究理论，对长江上游地区各省份的工业生态效率进行了经验性的趋同分析。此部分的经验分析结论表明，长江上游地区工业的环境绩效存在比较明显的趋异现象，主要有以下三点结论。一是长江上游地区各省份的工业生态效率普遍偏低并具有较大差异，其原因主要在于各省份在工业行业及产品、生产技术（或工艺）、技能—技术匹配情况等方面具有较大差异。二是各省份在分析期间的工业生态效率变化差异较大，其主要原因在于各省份的行业结构调整差异较大等。三是各省份工业发展中存在明显的生态效率趋异，之所以出现这种趋异现象，原因在于各省份不具备基本相似的行业结构、比较接近或正趋于接近的技术能力水平等。

显然，这些研究具有较强的理论价值和实践意义。作为丰富和发展生态效率研究领域的一个初步尝试，本书特别是其中的生态效率趋同测试研究在相关领域可起到一定的抛砖引玉作用。与此同时，一些经验研究结论具有较强的政策含义，它们在指导我国地区经济可持续发展中具有一定的决策参考价值。比如，为进一步改善我国各省份的工业生态效率，我们不仅需要广泛搭建技术转移平台以促进先进生产技术的推广，同时还要大力提高落后地区的技术能力以促进先进技术的充分吸收和利用等。当然，本书分析过程中也存在一些缺陷，它们都有待后续研究的补充和完善。比如，由于数据资料所限，本书所选用的分析样本时间跨度不长，而且区域层面的样本存在较大的异质性，后续研究应尽量延长样本的时间跨度，并选用一些接近同质的分析样本，如企业层面的样本等。再如，本书没有对导致生态效率差异及趋同的各种影响因素进行全面而深入的探讨，特别是缺乏相应的经验分析，而这些方面的研究结论在经济发展中都具有极强的政策含义，它们也是该领域后续研究的重要方向。

第六章

环境绩效优化的绿色增长路径：
理论及经验借鉴

第一节　绿色增长促进环境绩效优化的机制分析

一、绿色增长的内涵

　　"绿色增长"（green growth）现在备受关注，从环境与资源经济学角度来看也有很长历史，至少可以回溯至 Pigou（1920）和 Coase（1960）等对环境外部性的探讨（Reilly，2012）。OECD（2011）、联合国环境规划署（UNEP，2011）和世界银行（World Bank，2011）都已经接受了绿色增长这个概念，但它还只是一个未必会引致精彩行动的精彩的口号，其原因并非是它缺乏普遍接受的定义，而是不同群体经常利用它意指不同的东西（Schmalensee，2012），类似词汇有绿色就业、绿色经济、绿色政策等。迄今 OECD 对绿色增长一词的解释被普遍接受。所谓绿色增长，是指在促进经济增长和发展的同时，确保自然资产继续提供人类福祉依赖的资源和环境服务；为此，必须促进那些巩固持续增长和提供新的经济机会的投资和创新（OECD，2010a）。也就是说，绿色增长使得增长过程有效使用、更加清洁和更具弹性但不必放缓速度（Hallegatte et al.，2012）。当前，绿色增长正在日益获得各国支持，被认为是一种追求经济增长和发展，同时又防止环境恶化、生物多样性丧失和不可持续地利用自然资源的方式，通过使利用更清洁的增长源泉的机会最大化，从而实现更环保的可持续增长模式（OECD，2010b）。

值得注意的是，绿色增长并非等同于可持续发展，它只是可持续发展背景下的一种新的增长模式，隶属可持续发展范畴；绿色增长提供了一个实用和灵活的办法，这些办法在于实现经济和环境方面具体的、可测度的进展，同时充分考虑经济增长动态的绿色化社会后果（OECD，2010a）。绿色增长涉及的范围更窄小，这使得一些可操作的政策议程变得必要，它们有助于获得经济和环境层面的一些具体的、可测度的进展。另外，绿色增长可降低经济发展中的瓶颈风险和一些不平衡风险，这在一定程度上具有促进经济可持续发展的作用。一是降低瓶颈风险：当资源缺乏或质量降低使得投资更加昂贵的时候，瓶颈就会产生，这种自然资本损失超过经济活动从中获取的收益，破坏了未来的持续发展能力；而绿色增长在这种情况下，可以借助于研发新技术或新产品以推出一些替代产品或生产工艺，它们使得经济活动转向更少地使用这些稀缺资源。二是降低不平衡风险：自然系统的不平衡提高了突发性、高度破坏且不可逆转的影响的风险，而绿色增长高度关注经济增长与资源、环境、人口和社会的协调发展，这从理论上来说可以降低这种不平衡所带来的风险。

二、绿色增长的源泉

虽然绿色增长不等同于可持续发展，但它是促进经济可持续发展的重要途径。诚如 OECD（2010a）所指出的那样，绿色增长之所以在促进经济可持续发展中具有至关重要的地位和作用，其主要原因在于它催生了对培养创新、投资和竞争的必要条件的强烈关注，能够提供新的、与可恢复性生态系统一致的经济增长源泉。我们认为，绿色增长凭借提高生产率、推动创新、开辟新市场、强化生产者信心和增强宏观经济稳定性等多种渠道来促进经济可持续发展。

1. 提高生产率

绿色增长在于激发资源和自然资产的更高效利用，包括提高生产力，减少污染和能源消耗，以及获取资源的最高使用价值等，而这些方面都是传统经济增长方式下未予关注的地方。根据生态效率的定义可以推论，在投入给定条件下，一方面由于生产率的提高可以大幅增加期望产出数量，另一方面根据物质平衡原理，非期望产出至少是不会增加的，从而生态效率提高，亦即环境绩效得到改善。也就是说，绿色增长伴随着生产率的提高，后者会在不改变资源投入的前提下增加期望产出，甚至还可以减少非期望产出，促进经济效益和环境效益同时提升。

2. 推动创新

绿色增长的政策和相关框架条件允许采用新的途径去创造价值和处理环境问题，这自然而然地可能会催生一些创新机会，从而最终促进经济增长。显然，在创新推动的绿色增长过程中，一些绿色技术将被催生出来，它们不仅能够增加生产活动的期望产出而减少非期望产出，而且还能够进行末端治理，从而减少污染物的直接排放。不仅如此，在创新推动的绿色增长过程中，还会催生一些替代性产品（或原料），它们在生产中污染少，但是却能够替代当前那些生产中伴随高污染的产品（或原料）的相应功能。

3. 开辟新市场

绿色增长通过刺激绿色技术、商品和服务的需求来创造新的市场，并创造新的就业机会，从而促进经济增长。在这一进程中，新市场的开拓并不以环境污染加剧为代价，而是立足于降污减排的新市场开拓，从而既实现了经济增长，又没有加剧而是会减缓环境污染。

4. 强化生产者信心

绿色增长往往最先体现在政府的战略规划或相关政策体系中，这些政府行为就如何处理大的环境问题提出了一系列指导性方案或措施，这提高了经济活动前景的可预测性，从而会增强投资者连续性增加投资的信心，最终会促进经济增长。

5. 增强宏观经济稳定性

绿色增长意味着采用一些更平衡的宏观经济条件，比如通过审查公共开支的构成和效率，以及通过污染定价增加收入等，它们降低了资源价格波动、支持了财政巩固，从而有利于经济增长。

三、绿色增长优化环境绩效的机制

提升环境绩效的基本路径在于增加经济活动的期望产出并减少非期望产出，亦即降低单位期望产出的排放量。而绿色增长意味着在促进经济增长和发展的同时，必须确保自然资产继续提供人类福祉依赖的资源和环境服务。显然，绿色增长对于环境绩效优化具有重要的促进作用。我们认为，绿色增长至少可以通过效率提升、物资循环、产品（要素）替代等多种机制来促进环境绩效优化，见图 6-1。

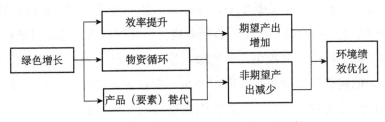

图 6-1　绿色增长促进环境绩效优化的机制

1. 效率提升机制

作为绿色增长的源泉，生产率提升意味着单位投入的期望产出量增加，也就是说生产率的提升有赖于各种投入资源使用效率的提升；在期望产出增加的同时，根据物质平衡原理，非期望产出势必会减少，结果是生态效率提升。而创新活动一方面会推出一些先进适宜技术，它们会通过生产边界的移动来提高生产率，最终实现环境绩效优化；另一方面，创新活动本身的大量开展会提高研发人员和生产者的技术能力，从而提高生产活动中的技术-技能匹配度，提高先进适宜技术的使用效率即技术效率，从而提高生产率，改善环境绩效。

2. 物资循环机制

绿色增长本身就要求生产活动变废为宝，即劣质产品、"三废"等的循环利用，其重要源泉之一在于大力开展创新活动，进而推出一些先进适宜的清洁生产技术和改进生产工艺流程，并探索一些废弃物资回收再利用的技术。这种物质、能源高度循环利用的循环经济发展模式，既能实现各种投入资源的充分利用，又能促进各种废弃物质的回收利用，从而最终实现经济增长和环境保护双赢，提高经济活动的环境绩效。

3. 产品（要素）替代机制

环境友好型替代品（包括产品和投入要素）要求不仅具有被替代品的所有生产或消费功能，而且还具有保护环境的内在特点。在通过创新推动的绿色增长过程中，一些替代性产品（或原料）被不断地开发出来并付诸实践，它们在生产中不仅污染少，而且能够替代当前那些生产中伴随高污染的产品（或原料）

的相应功能。显然，绿色增长可通过这种产品（要素）替代，同时实现经济增长和环境保护两大目标。

第二节　绿色增长的影响因素分析

绿色增长的核心是通过技术与制度创新实现人与自然的谐发展，旨在提供一种全新的区域发展模式，这种发展模式的实现是多种因素共同作用的结果。任何因素的缺失或变化，都会影响经济增长的进程。目前，有关绿色增长的影响因素研究相对较少。其中，张江雪和王溪薇（2013）经验分析了中国地区工业的绿色增长影响因素，结果发现经济发展水平、工业内部结构、科技创新能力、政府的环保支持力度等都会对绿色增长产生影响。杨文举（2015）在中国省份绿色增长的影响因素分析中指出，绿色增长的影响因素涉及经济、社会、环境和制度等多个方面，并选取了一组衡量经济发展水平、社会发展水平、对外开放程度、科技进步水平、能源投入情况和环境规制水平的变量进行了经验分析。我们认为，绿色增长的影响因素主要包括资源环境状况、经济发展水平、科技进步水平、制度安排、对外开放程度等多个方面。

一、资源环境状况

自然资源是推进经济发展最原始而又不可或缺的要素，如耕地、矿藏、能源、水、空气、阳光等。不过，自然资源的丰裕与否却未必与经济是否能快速发展相一致，而往往会出现相互背离的现象，如产生于 20 世纪 80 年代初期的"荷兰病"，Auty（1993）称之为"资源的诅咒"。尽管如此，从大范围的全球视角来看，自然资源总量约束在短期内决定着经济发展的规模和速度，而且自然资源的种类和生态环境质量决定着经济发展的结构和内容，从而对绿色增长方式产生影响。例如，与以煤矿、天然气等非清洁化石能源为主要能源资源的国家相比，那些水电、风能、太阳能等清洁能源丰富的国家显然具有更绿色的能源结构，在同等条件下自然更可能推进绿色增长。再如，自然环境优美、旅游资源丰富的国家更有条件发展近乎零排放的现代服务业，而那些矿产资源丰富的国家则更倾向于快速工业化，这毫无疑问会导致差异性的绿色增长绩效。此外，良好的资源环境本身还具有较大的环境自净能力和生态承载力，这显然也会促进绿色增长。总体来说，资源环境是绿色增长的基础性条件，资源环境的总量和结构影响着区域发展的能源结构、产业结构和消费结构，进而影响着绿色增长绩效。

二、经济发展水平

经济实力制约着增长模式的选择，是实现绿色发展的物质基础。由经验研究得出的环境库兹涅茨曲线假说表明，环境污染或恶化程度随经济增长先升后降，二者呈现出倒 U 形关系。总体而言，经济发展水平通过总量和结构两方面对绿色增长的实现产生影响。从总量方面来看，在发展的早期阶段，经济增长的机会成本低廉，环境问题与温饱问题、生存问题相比处于次要地位。根据马斯洛需求层次理论，随着经济发展水平的提高，享受类需求超越生存类需求，人类社会将会越来越重视环境问题。此外，经济发展水平越高，经济体越有能力投入资源进行环境保护和改善经济发展方式，从而更可能促进绿色发展。从结构方面来说，产业结构对绿色增长产生直接影响，同时也是资源环境、制度安排等因素发挥作用的主要载体。符淼（2008）对中国环境库兹涅茨曲线的研究表明，行业结构对"三废"的影响较大，重污染行业比例和第二产业比例的提高将导致环境库兹涅茨曲线拐点向右上角移动，使拐点推迟，而第三产业比例提高有助于减少工业"三废"的排放，将推动拐点提前到来，从而有助于实现绿色增长。

三、科技进步水平

科技进步是实现绿色增长的根本途径，它不仅能够改变人类的生产方式，而且还能够从末端治理出发来改善生态环境。新古典增长理论和内生增长理论都认为，科技创新对经济增长存在巨大的促进作用，甚至是长期增长最核心的源泉。针对绿色增长所要求的高效、环保和增长问题，科技创新和科技应用能力提升是解决问题的直接有效手段。一方面，科技创新通过拓宽可替代资源空间和促进资源优化组合，提高了投入产出效率，并降低了资源的依赖性和减少"三废"排放，在"事前""事中"促进绿色增长。另一方面，通过科技创新，人类会开发出一些治理生态、保护环境的先进技术或工艺，从而有助于"事后"的绿色增长。

四、制度安排

North 和 Thomas（1972）在《西方世界的兴起》一书中，旗帜鲜明地指出："除非现行的经济组织是有效率的，否则经济增长不会简单发生。"也就是说，有效率的制度安排是经济增长的关键，这在追求经济可持续发展的今天也不例外。制度安排是指在特定领域内约束人们行为的一组规则，它支配经济单位之间可能采取合作与竞争的方式。从制度变迁角度考虑，制度是为决定人们的相互关系而人为设定的一些制约。本书所探讨的制度安排，特指在经济增长领域上约束人类行为的各种制约规则，包括正式的各种法律法规和非正式的文化、意识和道德伦理等。其中，经济制度对经济增长的影响最为直接，它决定了经济活动受约束的程度。政府通过制定各种经济发展战略和规划践行绿色发展理念，以在实现经济增长的同时改善环境绩效，一些国家甚至通过国家立法来保障这种政府行为，中国和韩国都是这方面的典型例子。21 世纪以来，中国出台了一系列国家发展战略谋求绿色发展，从 2003 年的科学发展观到 2005 年的建设资源节约型、环境友好型社会，再到 2012 年的包含生态文明在内的五位一体总体布局等，为全国绿色发展提供了方向指引和政治基础。其他如韩国为实现低碳绿色增长的国家构想，先后提出了能源自足、创新增长、绿色生活革命三大战略，并出台了《低碳绿色基本法》。这些国家层面的制度安排为实现绿色增长提供了良好的宏观环境和政策机遇。此外，制度安排还从社会风尚、消费意识等方面影响家庭和个人的生产、生活活动，进而对绿色增长的实现产生影响。

五、对外开放程度

全球化是当今世界的主要趋势之一，它为资源、资金、技术、人才和产业的跨国流动（转移）提供了前提条件，这在一定程度上促进了国际间资源优化组合，从而有助于提高各参与者的经济发展水平。如果落后国家（或地区）在全球化进程中可以广泛地吸收绿色技术（或工艺），这显然还会改善它们的生态环境，从而促进绿色增长。不过，近年来学术界盛行的污染天堂假说表明，全球化过程中存在污染转嫁现象，即污染密集产业倾向于转移到环境标准相对较低的国家或地区，结果是产业承接方出现经济增长和环境恶化并存。该假说认为，在完全贸易自由化条件下，产品价格与产地无关；在现实世界里，虽然存在运输成本与贸易壁垒，贸易自由化却可以通过套利机制使产品价格趋于一致。一旦产品有统一的价格时，生产成本高低就决定了生产的区位选择。一般而言，落后国家（或地区）不仅劳动力成本较低，而且环境标准也相对较低，在其他条件都相似的情况下，污染企业势必会选择在落后国家（或地区）进行生产，后者就成为所谓的污染避难所。显然，在绿色经济增长进程中，对外开放是一柄双刃剑，结果取决于上述两股对立力量的相对大小，或者说是取决于我们的应对态度和方式。

第三节　韩国的低碳绿色增长战略及启示

一、概况

韩国长期以来以发展高能耗的重工业为中心，对环境和生态保护关注不够，其能源强度超出 OECD 平均水平的 1/5 以上，是全球第十大能源消费国。在全球节能减排目标框架下，面临巨大挑战。2008 年 8 月，韩国总统发表演讲，指出低碳绿色增长是以绿色技术和清洁能源创造新增长动力和增加就业机会的国家发展新模式。随后，韩国政府出台了《国家绿色增长战略和绿色增长 5 年计划》（表 6-1），从三大政策目标出发为国家未来经济发展指明了方向：一是减少温室气体排放和增进能源安全；二是通过绿色技术和创新创造新的经济增长引擎；三是转向环保和可持续的生活方式。

表 6-1 韩国绿色增长战略的发展概况

	行动	时间
愿景	总统宣布"低碳/绿色增长"作为引导未来 50 年发展的国家愿景	2008 年 9 月
	公布直到 2050 年的"国家绿色增长战略"	2009 年 7 月
制度框架	成立"总统绿色增长委员会"及秘书处	2009 年 1 月
	在 16 个大城市和省份创建当地绿色增长委员会	2009 年 11 月
	开始实施首相主持的月度评估会议	2011 年 9 月
中期计划	推出"绿色增长 5 年计划"（2009～2013 年）	2009 年 7 月
排放目标	宣布 2020 年温室气体减排 30%	2010 年 11 月
	设定部门和行业减排目标	2011 年 7 月
法律基础	颁布"低碳，绿色增长行动框架"	2010 年 1 月
	提交国民大会一份排放交易方案	2011 年 4 月

资料来源：转引自 Jones R S, Yoo B. 2012. Achieving the "Low Carbon, Green Growth" Vision in Korea. OECD Economics Department Working Papers, No 964, OECD Publishing. http：//dx. doi. org/ 10. 1787/5k97gkdc52jl-en, p5, Table 1

二、主要举措

（一）减少温室气体排放

1. 采用减少温室气体的中期目标和措施

到 2020 年，相对于商业正常水平减排 30%，该减排目标主要通过一些技术手段进行。具体来说，包括发展绿色建筑和高效节能工厂，扩建核电厂，促进智能电网发展和碳捕获与存储技术，研发新一代绿色汽车，以及通过国家电力需求管理措施开放新技术机会等。

2. 采用目标管理系统

韩国采用的目标管理系统由负责工业、能源、贸易咨询行业利益相关者的知识经济部实施，政府设定目标并提供奖励和惩罚，对目标公司提供大规模帮助，比如在安装节能和低碳设施方面的贷款和税收减免等。

3. 采用排放交易系统

温室气体排放交易制度从 2015 年开始实施，在温室气体排放交易市场中，买卖双方根据市场来确定单位温室气体的交易价格，结合自身的碳排放需要进行碳排放权交易。

4. 对碳税的关注

1990 年以来，韩国政府及学术界对碳税一致给予高度关注。一系列的研究表明，将碳税收入对可再生能源行业进行再投资，能够回收一部分因减排引致的 GDP 损失。

5. 推出再生能源扩张措施

为实现新的再生能源目标，韩国推出了上网电价系统（Feed-In Tariff System，FITS）和可再生能源系统（Renewable Portfolio System，RPS）。其中，上网电价系统通过补偿可再生能源发电和一般发电成本的差异，扩张了太阳能等可再生能源市场。为补偿快速增加的补贴，2011 年政府将关注点由上网电价系统转向可再生能源系统，该系统对每个发电厂设置强制性的可再生能源发电目标，这样发电厂要么利用自己的可再生资源发电，要么从市场上购买可再生能源许可证，以实现政府设定的目标。

6. 采取节能措施

政府不仅鼓励能源供应商开发需求方管理和资源能效标准方案，还采用很多能效等级和标识方案，如 CO_2 排放标识、最低能源绩效标准等。

7. 构建立法保障

2010 年 4 月 14 日，韩国政府公布了《低碳绿色增长基本法》施行令，该施行令构筑了韩国绿色增长的基本框架，包括制订绿色增长国家战略、绿色经济产业、气候变化、能源项目、各机构具体的实行计划，以及实行气候变化和能源目标管理制、构筑温室气体综合信息管理体制、建立低碳交通体系、设定温室气体中长期减排目标等内容。

（二）鼓励企业发展绿色技术和产品

绿色技术包括面向能源和资源利用效率、减缓和适应气候变化、环境污染管理方面的技术；既包括传统治污清洁技术，还包括那些可提供先进材料和工艺以减少有害于健康和环境的新技术（Kang et al.，2012）。韩国的绿色增长倡议中取得了多项技术政策突破，包括 17 项新增长点，未来愿景总统委员会和知识经济部共同促进的一个主计划，27 项核心绿色技术，国家科学技术委员会提交的 1 项绿色技术研发计划，15 项应对气候变化和全球变暖所确定的绿色能源技术。

1. 绿色技术投资分阶段实施

韩国的绿色技术投资计划分短期、中期和长期分类实施。其中，短期集中在硅太阳能电池、先进轻水反应堆和 LED 等三项核心技术方案；中期集中在高效率、低排放车辆，低环境负荷和能源使用的绿色工艺，二次电池，无 CO_2 生产工艺，水质管理系统，备用水源，减污，虚拟现实等 8 项经济可行的核心技术方案；长期集中于可能演变成开拓性技术的 13 个项目。

2. 建立强大的角色分担和协调系统

总统绿色增长委员会（the Presidential Committee on Green Growth，PCGG）确定绿色研发预算分配原则；国家科学技术委员会（the National Sciences and Technology Council，NSTC）设定投资重点，评估各领域的投资充足性，并协调各行动者；战略与财政部（the Ministry of Strategy and Finance，MOSF）根据国家科学技术委员会评估进行公共研发预算；由国家科学技术委员会和总统绿色增长委员会共同组建的绿色技术联合委员会，负责协调和评论整个预算拨款和开支。

3. 推行绿色技术商业化战略

在于公共政策研究机构协商基础上，政府起草核心绿色技术的商业化战略，其中综合分析各项技术的市场潜力和竞争力，并确定技术开发商业化的措施和工具。

4. 引入绿色认证体系

为解决那些不确定性高、投资回收期长的绿色技术融资难问题，韩国引入绿色认证体系来吸引足够的融资。这种制度降低了技术研发的不确定性，而且需求导向的支持机制使个人和商业组织更容易获取发展基金，从而被认证的技术和项目由私人实体开发。

5. 实施融资刺激

融资刺激贯穿绿色商业发展的所有阶段：在研发阶段，政府信用优先；商业化阶段促进投资的主要工具是母基金（fund of funds），特别是对那些中小规模的公司来说更是如此；在增长阶段，公共资金、长期贷款和优先税率债券是绿色公司的主要融资工具；在成熟阶段则采用碳金融工具、绿色产业指数、绿色社会责任投资指数、绿色保险等多样化工具。

6. 实施绿色采购

为创建一个早期的绿色产品市场，政府对公共机构出台了一项强制性环保产品采购计划，并实施"最低绿色标准产品公共采购制度"。该制度由环境标准构成，只有满足这些要求的产品才能在韩国在线采购系统中交易。

（三）提高绿色产品认识和需求的公共信息工具

实施低碳绿色生活行动，推广绿色生活方式是绿色增长5年计划中的十大政策目标之一，这些行动的目标包括减少日常生活中的温室气体，克服经济危机和迈向低碳绿色增长社会，节约能源和提高生产、商业和消费链的能源效率的低碳绿色生活。

1. 实施绿色增长教育模块

在中小学阶段，政府强化定期的绿色增长课程，并指定专门的绿色增长教育和培训中心来培养学生的绿色生活方式意识。在大学和成人教育阶段，政府支持绿色校园运动，实施绿色增长终身教育，为社会领军人物开放绿色增长教育方案，以及传播绿色生活运动等。

2. 推出绿色消费工具

作为一个为消费者提供信息和促进绿色消费必不可少的工具，政府自1992年就推出了环保标签系统。该系统包括三种类型：生态标签（类型1），即生产商自愿采用可验证措施来减少有害的生产过程及其产品的一个系统；生产者环境自调节系统（类型2），该系统允许制造商、进口商、批发商和零售商在没有第三方认证的情况下，坚持产品的环境优越性；产品的环保申报系统（类型3），该系统基于产品生命周期环境影响评估，方便了消费者选择环保产品并大大地有助于环保产品生产。

3. 推行国家绿色技术奖

国家绿色技术奖励由教育和科技部（the Ministry of Education，Science and Technology，MEST），食品、农业、林业和渔业部（the Ministry of Food，Agriculture，Forestry and Fisheries，MIFAFF），知识经济部（the Ministry of Knowledge Economy，MKE），环保部（the Ministry of Environment，ME），国土、运输和海事部（the Ministry of Land，Transport and Maritime Affairs，MLTM）共同发起，它们在评价绿色技术的绩效、经济可行性、商业价值和实

用性等基础上，对获奖候选人进行充分考虑。该奖励制度对那些具有开拓性的绿色技术部门的奖励更直接，而且还有助于提高公众对绿色技术创新重要性的认识。

4. 大力宣传绿色增长

倡导全民进行生活的绿色革命，不浪费电、气、水等能源，减少废气、生活垃圾的排放，使用低碳绿色商品。倡导绿色生活方式，包括走楼梯、不使用一次性用品、少开车等。为了让人们亲身体会到绿色成长的必要性，开设了绿色成长体验馆，参观人员都可以亲身体验发电自行车，可以利用碳计算器比较日光灯、发光二极管等的电力消耗，了解电脑待机时的电力消耗等。

三、启示

韩国实行低碳绿色增长战略以来，已初见成效。韩国能源经济研究院发表的《韩国能源总调查》报告显示，五年来韩国年均能源消费增长率为 2.7%，而同期年均 GDP 增长率为 4.8%，这意味着其能源结构开始逐渐转变为"低能耗"结构。另据韩国国际广播电台（Korea Broadcasting System，KBS）报道，美国耶鲁大学和哥伦比亚大学根据各国环境卫生、环境保护、削减温室气体排放量、减少空气污染和浪费等五个方面的综合表现联合推出的"全球环境绩效指数"中，韩国 2009 年排第 94 位，2011 年跃居第 43 位，提升了 51 个名次；不仅如此，韩国在水质量、室内空气质量和农药限制措施等方面均排在全球第一位（詹小红，2012）。作为全球最大的发展中国家，中国正处于快速工业化和城镇化进程，认真学习韩国的绿色增长战略先进经验，对于长江上游地区建设生态文明、走可持续发展道路具有重要意义。我们认为，韩国的低碳绿色增长战略至少提供了下述几点启示。

1. 全面构建（或完善）绿色增长相关的法律法规体系和组织管理体制

韩国《低碳绿色增长基本法》因地制宜地设计了促进韩国绿色增长的制度框架，这对我国推动绿色经济发展具有一定的借鉴意义。我国在立法方面已颁布实施了《环境保护法》（1989 年）、《可再生能源法》（2006 年，2009 年修订）、《节约能源法》（2008 年）、《循环经济促进法》（2009 年）等，它们对我国推进绿色经济发展具有积极的保障作用，但是具体实施中存在主次不明确，战略性、体系性不足等问题。不仅如此，我国对绿色经济管理方面实行部门多头管理体制，资源、能源、环保、计划、财政、技术标准化、雇用、教育等管理部门各司其职，缺乏行政合力。因此，今后应针对长江上游地区绿色经济发展需要，建立内在统一、主次分明、相互匹配的促进绿色增长的法律法规体系，以及职责明确、协调配合的组织管理体制。

2. 加大绿色增长相关投入及配套优惠政策

为实现"低碳绿色增长战略"既定目标，韩国在2009～2013年年均投入占GDP约2%的资金来发展绿色经济（联合国要求的比重为1%），用于支持发展混合动力汽车、节能发光二极管、智能电网、生物燃料、太阳能、风能、碳信用交易和节能照明等行业领域。与此同时，还提供了一系列减税配套措施，支持那些提升能效的企业及研发机构发展；成立投资公司，并设立5000亿韩元的绿色基金，推出绿色储蓄账户和绿色债券，为中小型绿色技术、能效公司的投资、信贷和税收优惠提供政策支持。长江上游地区不仅短期内还不能摆脱粗放型经济发展模式，而且地区间经济发展差距大，这需要通过投入和相关政策，大力促进绿色技术发展和绿色产业体系构建。

3. 全方位构筑并健全绿色发展体系

韩国的低碳绿色增长战略涉及三大主要举措（或目标体系），即减少温室气体排放、鼓励企业发展绿色技术和产品、提高绿色产品认识和需求的公共信息工具，这几乎涵盖了产品的整个生命周期，是一种"从摇篮到坟墓"式的绿色增长战略，这对于促进节能减排和增长高效等多方面都具有实际意义。而我国特别是落后地区当前的经济发展基本上仍停留在粗放型经济增长阶段，不仅缺乏绿色技术、绿色产品，对绿色流通、绿色消费和资源回收利用等环节也未予以高度重视。因此，长江上游地区在促进绿色增长过程中，应从产品整个生命周期角度出发，即从研发、生产、流通、消费和回收利用等环节入手，全面构筑绿色经济发展体系。

4. 多渠道培养绿色发展意识

一是大力宣传并注重实践体验，让公众认识到绿色发展与每个人的切身利益有着密切的关系。二是要发动最广泛的公众参与，如利用世界环境日、世界气象日、世界无车日、全国科普日等主题日，通过举办一系列以节能减排为主题的学术研讨会、展览会等，广泛动员公众积极参与，提高绿色发展认识。三是补充完善国家教育体系中的绿色知识，如在幼儿园讲授简单的绿色发展知识，在中小学开设绿色发展相关课程，在高等院校建立与绿色发展相关的专业和科研基地，使公众从小就认识到绿色发展的重要性。

四、小结

绿色增长在促进经济增长和发展的同时，能够确保自然资产继续提供人类福祉所依赖的资源和环境服务。它不仅可以降低要素瓶颈风险和自然系统的不平衡风险，而且凭借提高生产率、推动创新、开辟新市场、强化生产者信心和增强宏观经济稳定性等经济增长源泉，促进经济可持续发展，是促进工业环境绩效优化的重要途径。其中，绿色增长可以通过效率提升（包括资源使用效率、生态效率和技术效率等）、物资循环（包括各种物质和能源等）、产品（要素）替代（包括中间产品、最终产品和原材料等）等多种机制来促进环境绩效优化。作为长江上游的生态屏障，长江上游地区应立足实际情况，充分借鉴国际绿色增长先进经验，真正转变经济发展方式，从唯 GDP 是瞻的落后增长理念中尽快走出来，促进经济发展绿色化。这不仅需要全面系统地制订中长期绿色发展规划、相关法律体系和组织机制建设，而且还要加大环境保护相关投入，大力倡导低碳绿色的增长观念和消费观念。

第七章
长江上游地区工业绿色增长的对策建议

绿色增长的总体目标框架是通过多种途径建立提高福祉的激励或机构，包括改善资源管理和提高生产力、鼓励经济活动长期发生于社会最优点，以及引领创新等方法来实现前面两个目标等（OECD，2011）。这种绿色增长路径依赖于政策和制度设置、发展水平、资源禀赋和特定的环境压力等问题。为促进绿色增长，首先应从市场出发，通过一系列工具来矫正价格信号，实现自然资源和环境资源的优化组合，这些工具主要包括与环境有关的税、费、可交易许可证，以及取消对环境有害的补贴。与此同时，应充分寻求非市场手段来影响企业、家庭或个人行为，增进他们对环保的关切度并采取实质性手段来改善环境，主要包括规制、绿色技术和创新导向政策，以及基于信息传播和政府与特定工业部门之间为应对特定环境关切而商定的自愿方法等。

第一节　全面推进生态创新

一、生态创新的内涵

作为一种为工业和政策制定者实现企业环境实践和绩效改善的方法，生态创新（eco-innovation）或类似的术语（如绿色创新、环境技术、清洁技术、环境创新、环境驱动型创新、可持续创新等）已被许多公司用来描述它们对可持续发展的贡献，该概念先后经历了终端治理技术、清洁生产工艺或流程、清洁产品及生态创新的演变历程。[①] 一些政府也将生态创新作为在保持整个行业和经济竞争力的同时，满足可持续发展目标的一种途径。然而，推进生态创新的行业和政府因涉及追求经济和环境两方面的可持续性，其范围和应用都存在较大差异。因此，生态创新在政府界、学术界和企业界存在或多或少的一些认识差异。欧盟环境技术行动计划认为，生态创新是"生产、消化或利用新奇的产品、生产流程、服务或管理及商业方法，其目的是在整个生命周期内防止或显著减少环境风险、污染和资源使用（包括能源）的其他负面影响"（OECD，2008）。生态创新是创新的子集，它指的是同时改进社会的经济绩效和环境绩效的经济活动变化（Huppes et al.，2008）。到目前为止，促进生态创新主要集中在环境技术方面，但其概念范围有扩大倾向。日本工业科学技术政策委员会将生态创新定义为"一个新领域的科技社会创新，它们较少关注产品的功能而更多关注环境和人"（METI，2007），它涉及技术、商业模式和社会体制（制度）三大领域。从这个角度而言，生态创新被视为一个总体概念，它提供了实现可持续发展所要追求的整体社会变化的方向和愿景。Charter 和 Clark（2007）将生态创新分成了四个不同的级别：1 级（增量），即现有产品增加或减少的渐进改进；2 级（重新设计或绿色限制），即现有产品的较多重新设计（但限于技术可行的改进水平）；3 级（功能或产品替代），即满足同样功能需求的新产品或服务；4 级（体制），即设计一个可持续发展的社会。

生态创新与一般意义上的创新是有区别的。创新指"实施一个新的或显著的产品（商品或服务）或过程改善，一个新的营销方法，或商业实践、工作组织或外部关系中一个新的组织方法"（OECD and Statistical Office of the European Communities，2005）。这一定义虽然界定了创新在技术领域之外的发生领域，但没有清晰阐述它们是如何发生以及为何发生的；而它们都是理解生态创新特质的要点，因为它特别关注那些改善环境条件的变迁的范围和影响。

[①] 国内关于生态创新较全面的综述性文献可参见：董颖，石磊 . 2010. 生态创新的内涵、分类体系与研究进展 . 生态学报，（9）：2465-2474；张钢，张小军 . 2011. 国外绿色创新研究脉络梳理与展望 . 外国经济与管理，（8）：25-32；杨燕，邵云飞 . 2011. 生态创新研究进展及展望 . 科学学与科学技术管理，（8）：107-116.

除此之外，生态创新还有两个显著的、区别于普通创新的特征。第一，生态创新本质上是明确强调减少环境影响的创新，无论这种影响是有意还是无意的（MERIT，2008；Machiba，2010）；第二，生态创新和其环境效益超越了传统的组织边界，创新者通过改变社会规范、文化价值观和制度结构进入了更广泛的社会背景（Rennings，2000；Reid and Miedzinski，2008；Machiba，2010）。OECD 项目组在综合考虑上述观点基础上提出生态创新应从目标、机制和对环境的影响三个维度来进行理解和分析，见图 7-1。

图 7-1 从生态创新的目标、机制和对环境的影响三个维度对生态创新进行了阐释。一是目标：生态创新涉及技术方面和非技术方面，包括产品、流程、营销模式、组织和制度等。二是机制：它与生态创新目标变化或引入的方式相关，这包括四个基本的机制，即修改、再设计、替代和创造。三是对环境的影响：生态创新在整个生命周期或其他一些重点区域对环境的影响。Machiba（2010）指出，潜在的环境影响源于生态创新的目标和机制以及它们与社会技术环境的相互作用，一旦给定一个具体的目标，潜在的巨大环境效益往往取决于生态创新的机制，比如替代和创造通常比修改和再设计体现更高的潜在获益。

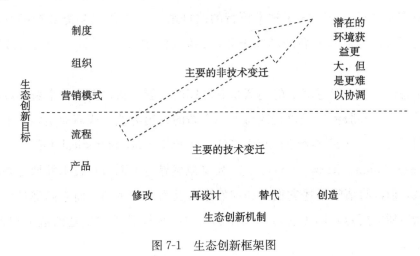

图 7-1　生态创新框架图

资料来源：Machiba T. 2010. Eco-innovation for enabling resource efficiency and green growth: Development of an analytical framework and preliminary analysis of industry and policy practices. International Economics & Economic Policy，(7)：361，Figure 2

二、生态创新的路径

国内外早期的工业活动通常采用终端处置方式来处理污染问题，但是成本大见效差。近年来，相关行业更趋向于通过清洁生产方式来减少能源和原材料投入，一些企业还从整个产品生命周期角度对经济活动的环境影响进行了控制，比如国内外不断催生的生态工业园区或循环经济园区等就是很好的实践。这种污染防治手段的演进体现出来的就是生态创新的不断实践，它们通过流程改造、产品设计、商业模式替代、新流程创建和组织安排等，不断地实现污染控制、清洁生产、生态效率提升、生命周期管理、闭环生产和产业生态构建等目标，这些兼顾经济效益和环境效益提升的创新活动显然是提升经济活动环境绩效的很好手段，是促进工业经济可持续发展的重要途径。然而，国际上一些代表性工业发展实践表明，制造业中的生态创新目标通常是好的产品或流程，主要机制是修改或再设计，主要手段则依赖于技术进步；不过生态创新的核心不是由单一的目标和机制所能代表的，而是涵盖了产品、流程、组织和机构等领域从修改到创造的一组特征（Machiba，2010）。也就是说，通过加快创新来促进资源有效使用和绿色增长的生态创新路径是多方面的，既有技术层面的进步也有非技术层面的进步，大致可以分为渐进式创新和系统性创新（或突破性创新）两大类。其中，渐进式创新主要是有助于短期中去除经济增长的环境影响，而系统创新往往在长期中彻底去除经济增长的环境影响方面有更大潜力。因此，为促进经济可持续发展，渐进式创新和系统性创新都不可或缺；而政府更应该高度重视二者之间的平衡，特别是在应用新技术可以获得高回报时，要高度重视系统性创新的潜在经济效益和环境效益。

当然，生态创新的顺利开展需要建立在一系列政策工具基础上，包括市场工具、规制工具、政府和生产组织间的自发协定，以及一些信息工具等（Jordan et al.，2003）。其中，市场和监管工具更倾向于"硬性"工具，因为它们强加了明确的义务；而自愿和信息化工具则更倾向于"软性"工具，它们更多地依赖或寻求激发自由活动，政府对生态创新方面的研发投入也应属于此列。Aghion 等（2009a，2009b）认为，低碳创新的两大关键工具是针对低碳技术的碳税和补贴，以及研发方面的公共支出。Oosterhuis 和 Ten Brink（2006）的研究表明，驱动生态创新的环保政策被经验研究所证实，但是最适于支持环境技术开发和扩散的政策工具并非是单一的。比如，费用、税收和可交易许可证等经济工具往往被认为优于直接规制（命令控制），原因在于一旦能设计出合理的经济工具的话，它们就能够提供额外和持久的财政激励去寻找"绿色"解决方案，Jaffe 等（2002）、Requate（2005）亦得出了类似结论；但是直接规制也是激发生态创新强有力的工具，德国把它们应用于发电厂的空气排放标准，结果是它们比其他采用经济工具的国家减排效果更明显。诚如 Kemp（2000）所指出的那样，特定工具或工具组合的适宜性取决于它们使用的目的。

第二节　进一步优化产业结构

一、产业结构优化的内涵

　　产业结构优化是指推动产业结构合理化和产业结构高级化发展的过程，是实现产业结构与资源供给结构、技术结构、需求结构相适应的状态。产业结构合理化是指在现有技术条件下，通过要素在产业间流动使得各产业内部保持符合产业发展规律和内在联系的比率，保证各产业协调发展，实现动态的供求平衡状态。产业结构高级化是通过技术进步或制度创新，使产业结构整体素质和效率向更高层次不断演进的趋势和过程，它是实现产业的更替和竞争优势的转变的重要途径。产业机构合理化是产业结构高级化的前提条件，而产业结构高级化是产业结构合理化的必然结果。在不同的历史发展时期和经济发展的不同阶段，产业结构的优化内容会有所不同，但目标始终一致，即使一个国家或地区的资源配置最优化和宏观经济效益最大化，协调国民经济的供求结构，实现国民经济的持续快速增长（图7-2）。

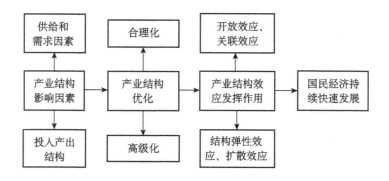

图 7-2　产业结构优化对经济增长的作用机制

二、产业结构优化促进绿色增长的机制

一般而言，产业结构优化主要有两大途径：一是遵循产业结构演化规律，在技术进步的作用下，推动产业结构整体素质和效率向更高层次的不断演进；二是通过政府的有关产业政策调整，影响产业结构变化的供给结构和需求结构，实现资源优化配置，进而推进产业结构的合理化和高级化发展。显然，在上述两大途径中，人类都可以根据自身的需求来进行自主选择。前面的绿色增长影响因素分析结论表明，能源投入对绿色增长会产生显著影响。众所周知，能源投入状况与产业结构是息息相关的。比如，从三次产业结构来看，第二产业比重越高，一般来说能源投入强度也越高。再比如说，从轻重工业结构来看，重化工业占比越高的经济中，能源投入强度也越大。由此可以推论，通过优化调整产业结构，是可以促进绿色增长的。在促进绿色增长的市场和非市场工具中，技术进步和资源环境优化在短期内难以实现，而政府规制所激发的产业结构优化可以通过产业结构合理化和高级化引导企业投资和居民消费来实现绿色增长目标。

为探寻产业结构优化促进绿色增长的内在作用机制，我们可以将经济活动分为传统型和绿色型两种类别，产业结构优化促进绿色增长就主要表现在绿色型生产和消费活动的增多。其中，产业结构合理化主要是通过要素的横向流动来实现绿色增长。即人类在绿色增长的目标驱使下，引导生产要素更多地流向环境污染相对较少而生产效率至少差不多的行业或企业，结果自然会在不降低产出的情况下减少污染，从而实现绿色增长。当然，在这个过程中，不排除要素的这种流动不受人为干预。比如，在对绿色产品的追求日趋高涨的今天，受绿色产品市场的巨大需求诱导，许多农作物供应商不再过多地依赖化肥和农药的大量使用，甚至不使用化肥和农药来生产农产品，这显然也是满足人类需求的一种产业结构调整，结果仍然是促进了绿色增长。

从产业结构的结构比例看，高度化表现为三个方面：一是产业重点的依次转移，即第一产业、第二产业、第三产业占优势比重的逐步演进；二是要素密集度依次转移，即劳动密集型、资金密集型、技术知识密集型产业占优势比重的逐步演进；三是产品形态的依次转移，即初级产品、中间产品、最终产品的产业占优势比重的逐步演进。从产业结构高度化的程度看，它主要体现在产业高附加值化、产业高技术化、产业高集约化和产业高加工度化。显然，产业结构高级化的主要推动力是生产技术进步或生产工艺改进和制度创新，而这也是产业结构高级化促进绿色增长的内在机制所在。在产业结构高级化过程中，人类在绿色增长的意愿下，通过技术进步和制度创新来改变原有的资源配置和产业结构，推进产业结构向更高层次变化，以获取更高的生产效率、更好的产品质量和更小的环境污染，从而实现由传统型经济增长模式向绿色增长模式的转变。

三、优化产业结构的主要措施

以绿色发展为导向的产业结构优化对长江上游地区经济社会发展具有重要战略意义，如何采取正确合理的举措实现该地区的产业结构优化是一个重大的理论和实证研究课题，在此仅针对已取得的研究成果提出些许合理的建议，期望能对长江上游地区产业结构优化做出贡献。

1. 改善现有产业体系，实现绿色发展

充分利用"长江经济带战略"带来的机遇，以资源环境承载力为前提，以资源优势为基础，促进节能减排，建立绿色产业体系。一是优化提升传统优势产业。拓展优势资源加工产业链，提高化工、能源、冶金等资源利用型产业的深加工能力，促进机械、交通运输等优势制造行业的结构重组和转向，加强产业集聚，实现技术换代和产能优化。二是积极壮大战略性新兴产业。以深化体制改革为动力，强化自主创新，培育、壮大新能源、电子信息产业，培育世界级企业集团，发挥高技术产业在产业层次提升、产业结构调整中的带动和支撑作用，实现集约型增长。三是大力发展现代服务业。大力发展以现代金融业、现代旅游业和现代物流业为重点的第三产业，发挥好生产性服务业对工业的基础服务作用。

2. 深入推进技术创新，实现提质增效

充分发挥成渝地区的领头羊作用，利用长江上游地区现有和潜在的产业优势，加强能源、电子、机械、交通运输、医药等关键领域的技术创新，以降低成本、提升品质、提高附加值作为战略突破口，以对传统产业的节能减排技术改造为重点，加快发展绿色经济，实现对产品和环境的提质升级。能源、原材料产业避免纯粹的规模扩张，要加强下游产品的产业链拓展和技术开发升级。现代制造业要加强技术研发，强化制造工业建设，注重"悲伤曲线"中制造革命所带来的竞争力和价值。战略性新兴产业要提高高新技术产业化能力，以技术引进和技术创新把握核心技术，掌控产业发展的战略制高点。

3. 积极完善生态补偿机制，提升生态效率

深入研究、完善资源开发补偿，推进环境税费体制改革，增加长江上游地区的生态补偿机制建设，促进该地区生态效益的显化。一是加强环境税收制度建设。以经济社会发展和提高生态保护为基本出发点，促进资源环境开发的外部效应内部化，实现各市场主体的经济收益与生态支出的平衡。二是推进环境税费制度重构。加强整个西南地区或是长江经济带的生态补偿协调联动，收取的环境税应合理进行转移支付、实现对自然资源开采区和环境资源破坏区的合理补偿。

4. 加强环境污染防治，实现资源循环利用

长江上游地区作为中国重要的生态屏障区，其产业发展要推进清洁生产、加强污染防治，促进工业"三废"的资源化利用，实现资源循环利用。一是制定并执行严格的工业污染物排放标准。重点加强能源、冶金和矿产等资源型产业区的污染治理，促进煤、石油、冶金等存在高污染风险的产业聚集发展，控制工业"三废"总量；同时，加强建设污染物的无害化处理和收运体系，实现安全排放。二是加强资源的综合利用能力，增强资源再利用能力，实现集约、节约的资源利用。规范资源开采秩序，提高资源回采率；推动资源再利用项目

建设，推动包括政府、企业和消费者的全社会资源节约意识和再利用行为。

第三节　加快推进绿色技术进步

一、绿色技术进步的内涵

众所周知，经济增长要么源于生产要素的投入增加，要么源于投入要素的生产率提高。其中，依赖于投入要素积累的增长方式是粗放型的，不利于经济可持续发展；而提高投入要素生产率的增长方式属于集约型，它受技术进步状况和技术效率高低的影响，是经济可持续发展的最终源泉。经济学界对技术进步的研究至少可以回溯到亚当·斯密对劳动分工的开创性究。近两个世纪以来，学术界关于技术进步的解释存在一定的差异，其中最为常见的解释源于新古典经济增长理论。该理论指出，技术进步就是指产出增长中不能被生产要素增加所解释的那部分增长，它在基于索洛增长模型的传统增长核算中，等同于全要素生产率。不过，随后的一些研究指出，生产率的提升不仅受技术进步的影响，还取决于技术使用效率的提升，因此技术进步只是全要素生产率的一部分，是除要素投入增加之外促进经济增长的源泉之一。一般而言，技术进步包括对技术、工艺的引进和创新，生产经营管理的改善，管理和组建大企业的能力和知识等多个方面。现代西方经济学理论根据技术进步对投入要素的影响作用，将技术进步分为劳动扩大型（哈罗德中性）技术进步、资本扩大型（索洛中性）技术进步和中性型（希克斯中性）技术进步三种，这在生产函数中表现为技术进步变量以不同的方式被引入。[①] 实际上，不管技术进步因子以何种形式进入生产函数，它对经济增长的贡献都是以投入要素为载体而体现出来，结果是改变投入要素的生产效率和资源配置的方式。

然而，在传统的技术进步分析中，人们都忽略了环境因素的影响。众多理

---

① 更详细的介绍可参见：谭崇台.2001.发展经济学.太原：山西经济出版社.

论和经验分析表明，环境亦是经济发展的重要资源。因此，我们有必要在考虑环境因素的前提下来探讨技术进步，绿色技术进步的概念也就应运而生。该概念是在技术进步上发展起来的，其目的是在充分考虑资源环境约束条件下如何科学地测度技术进步的水平，这种技术进步强调了通过节能减排来促进环境绩效改善。一般认为，绿色技术进步包括技术密集型技术、自然资源节约型技术、高精尖技术，以及提高生态效益和社会效益的技术等多种类型。我们认为，所谓绿色技术进步就是在考虑环境约束条件下的技术水平提升，在图形上表现为在所有投入（包括环境因素）不变的情况下生产函数的外移或等产量曲线内移，它在生产中既能够促进节能减排，又能够提高投入要素的生产率。

二、绿色技术进步促进绿色增长的机制

国内外经济发展经验表明，投入要素积累和全要素生产率增长在经济增长中的相对贡献大小与经济发展阶段具有一定的一致性。一般来说，在经济发展水平相对落后阶段，投入要素积累在经济发展中起主导作用；随着经济发展水平的不断提高，全要素生产率的重要性也日益提升，最终将在经济发展中起决定性作用。然而，在经济增长的初级阶段，粗放型经济增长模式很容易导致环境恶化，这与经济可持续发展理念是相悖的。因此，即使是在经济发展的初级阶段，我们仍然不能一味地依赖高投入而忽视技术进步的作用，因为这很可能会引起环境绩效恶化，甚至会对经济可持续发展带来致命性威胁。经济发展中必须兼顾环境绩效改善，走可持续发展之路，即要促进绿色增长。其中，绿色技术进步有助于经济绿色转型，从高投入、高产出、高污染的粗放型经济增长模式向高技术、高产出、低污染的集约型增长模式转变，从而最终促进经济可持续发展。长江上游地区经济发展水平相对落后，基本上还处于粗放型经济增长阶段。为此，我们应高度重视绿色技术进步的作用。一方面要不断提高科技进步水平，同时又要通过多种渠道提升其技术能力，并推行与经济发展环境相一致的适宜技术选择，从而不断改善技术的使用效率和促进技术进步，最终实现经济增长与环境保护双赢。我们认为，绿色技术进步至少可以通过工艺改进、清洁生产技术、末端治理、新产品开发等多种机

制来促进绿色增长，见图 7-3。

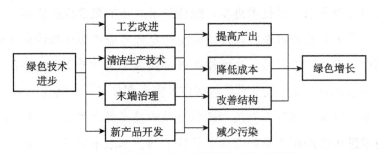

图 7-3　绿色技术进步促进绿色增长的机制

1. 工艺改进

技术影响着生产要素在经济活动中的组织方式，技术进步在一定程度上表现为各生产环节的生产方式改进、新设备对旧设备的替换等，其实质是通过资源优化配置来促进资源的充分有效利用，从而改善生产、交换、分配和消费各环节的内容和方式。当其他条件不变时，绿色技术进步会改进生产中的工艺，促进资源优化配置以减少不必要的资源浪费和降低废弃物资的排放。也就是说，绿色技术进步通过生产工艺改进可以提高投入要素生产率，促进自然资源的有效使用，有助于实现单位投入的产出增加，从而削弱经济活动对自然与环境的负面影响，促进绿色增长。

2. 清洁生产技术

清洁生产技术（cleaner production technology）是一种相对的技术，它是指对原生产技术进行改变后，使得污染产生量和毒性降低甚至消除的技术。其中清洁指较生产同类产品的技术污染物的产生量更小，污染物毒性更小。科技进步会催生一系列清洁生产技术并逐渐取代肮脏的生产技术，清洁的节能减排技术意味着采用绿色投入得到绿色产品，这可以有效地利用资源和降低单位产出的污染物排放。一味依靠投入的经济发展到一定程度，将出现资源环境问题，影响未来的持续发展。减污技术的推行始于经济发展水平的某个阈值，在此之前经济发展中未对减污技术进行开发，结果是经济发展水平提升伴随着污染增加；在此之后，人们逐渐对各种各样的减污技术投资，从而使经济发展水平提升与环境质量改善相并存。节能减排此类的清洁生产技术研发，一方面，提升能源和资源利用效率，使用新的清洁可再生原材料和低排放、可再生新型能源替代化石能源等稀缺资源，增加知识要素投入而减少对能源要素依赖；另一方面，研发新技术替代传统高污染技术，实现生产过程中减排和终端减排，减少污染产生，降低环境成本。显然，发展节能减排的清洁生产技术，其本质在于提升能源和资源利用效率，从而减缓和适应气候变化，改善环境绩效，最终促进经济可持续发展。

3. 末端治理

末端治理（end-of-pipe treatment）是指在生产过程的末端，针对产生的污染物开发并实施有效的治理技术。末端治理在环境管理中是一个重要的阶段，它有利于消除污染事件，也在一定程度上减缓了生产活动对环境污染和破坏的趋势。科技进步可以通过推出一些废弃物资回收再利用的技术，建立物质、能源高度循环利用的循环经济发展模式。这既能实现各种投入资源的充分利用，又能促进各种废弃物资的回收利用，实现绿色增长。一方面，按照减量化、再利用、资源化的原则，大力开展创新活动，推动治污、废物回收再利用技术发展，以提高资源产出效率为目标，对污染进行末端减污处理，实现劣质产品、"三废"等的循环利用，推进生产、流通、消费各环节循环经济发展。另一方面，还可推进企业生产内部工艺之间的能源梯级利用和物料循环利用，推动产业循环式组合，加快建设再生资源回收体系，以实现增加产出的同时降低资源要素成本和环境成本，实现绿色发展。不过，随着时间推移和工业化进程加速，末端治理的局限性也日益显露出来。首先，处理污染的设施投资大、运行费用高，会导致企业生产成本上升，经济效益下降。其次，末端治理的本质是污染物的转移，如烟气脱硫、除尘形成大量废渣，废水集中处理产生大量污泥等，它不能根除污染物。最后，末端治理不涉及生产过程中的资源有效利用，在制止自然资源浪费方面具有局限性。因此，要真正解决污染问题，还需要实施过程控制来减少污染的产生。

4. 新产品开发

经济增长的路径不是唯一的，这从要素的可替代性和产品的多样化可见一斑。比如能源这种投入要素，传统的化石能源使用不可避免地会产生碳排放和其他废气排放，进而污染环境；而太阳能光伏发电、水电、风电等清洁能源在使用中却不会产生这些污染物。在创新推动的绿色增长中，一些替代性产品被不断地开发出来并付诸实践，它们在生产中不仅污染少，而且能够替代当前那些生产中伴随高污染的产品的相应功能。这些绿色产品要么使得经济活动转向更少地使用稀缺资源，要么使生产过程污染（副产品）产生少或者对环境无污染或可循环利用。通过对原有产品进行改进或开发新产品，可以得到投入少、产出多、污染少的绿色产品，这有助于刺激绿色商品和服务的市场需求，并创造新的就业机会，进而促进经济增长。为此，应通过大量投入和制定相关政策，促进新产品开发技术投资，促进那些不确定性高、投资回收期长的绿色技术融资难问题；同时还应为中小型绿色技术、能效公司的投资、信贷和税收优惠提供政策支持。总之，科技进步通过促进绿色产品（含投入品）的研发，来替代那些污染环境的传统产品，这不仅可以改善产品结构，而且可以改善环境绩效，最终促进绿色增长。

三、绿色技术进步的主要措施

技术进步的路径主要包括模仿创新和自主创新。其中，模仿创新包括国外技术的引进以及国内技术的扩散与吸收，这种途径具有明显的确定性，并且引进的都是较为成熟的技术，因此成为我国早期技术进步的主要途径。自主创新包括自主研发与合作研发，由于存在较大的沉没成本以及研发成果的不确定性，这种途径需要国家的力量来推动实现，同时企业自主创新的内在动力也是研发成败的关键。

1. 扩大对外开放合作

国外先进技术的引进是促进绿色技术进步最为便捷的方式，它可以在相对短的时间内把国际上的先进技术为我所用。为实现这一目的，提高对外开放程度至关重要。对外开放程度越高伴随着经济体间的合作程度越高，这会提高国际产业转移承接方面的相对优势。而在国际产业转移承接中，往往伴随着一些先进技术、管理经验的转移，它们有助于节能减排和生产效率提升，结果是提高了承接国际绿色技术水平。不仅如此，随着对外开放水平的提高，产品越容易进入国际市场，从而所面临的环境规制水平越高，也就是会提高落后国家（地区）经济活动的绿色标准，这进而会倒逼它们采用清洁生产技术生产。另外，对外开放水平越高，外商投资企业也就越多，与本土同类企业相比，它们在管理经验、生产技术等方面都具有相对优势，外商企业所生产的产品更有可能面向海外消费者，从而它们有更大的压力来使用清洁生产技术生产以尽可能地保证产品绿色。

2. 加强先进适宜技术引进

一般而言，技术研发受技术（知识）基础、经济发展水平、人力资本水平等多方面因素制约，发达国家（或地区）在这些方面具有相对优势。不仅如此，由于经济发展阶段不同，发达国家（或地区）在经济发展中更注重保护生态环境，它们在绿色技术研发和运用方面也走在前列，而且还具有更多的管理和制度创新经验可供借鉴。与自主创新相比，先进适宜技术的引进能够在更短时间内得以应用，进而促进落后地区的技术水平提升。为此，长江上游地区应通过搭建技术转移平台，大力引进国外先进科学技术，学习和模仿其所带来的先进管理和制度创新的经验，促进先进技术在工业生产过程中的运用，推动绿色技术进步。其中，在引进最佳实践技术的同时，应注意同步提高它们自身的技术能力，从而充分使用那些先进技术。也就是说，引进技术时应立足实际，选择那些与自身经济发展环境相一致的适宜技术，以提高先进技术的使用效率；同时应避免一些陈旧过时，可能伴随高污染、高能耗的技术向我国的隐形转移。

3. 搭建国内技术交流平台

在一个国家内部，各省份的技术能力相对接近，从而更可能出现先进环保技术的推广性使用，而且各省份的行业结构差异不是很大，从而它们在经济发展中更可能采用一些相似生产技术进行生产活动，这为先进适宜技术的国内扩散提供了可能。然而，为了保障区域间技术信息交流的通畅程度，需要建立起一系列技术交流机制，其中技术交流平台的建立至关重要。长江上游地区各省份经济发展水平都比较落后，但是又存在一定的差距，因此扩大先进技术在区域内部的扩散运用是有必要的。为此，为进一步推动长江上游地区的绿色技术进步，我们应广泛搭建技术转移平台，一方面大力引进国际上的一些适宜的绿色技术，另一方面又大力加强各省份之间的相互合作与交流，促进环境友好型的生产技术得到推广性使用。比如，可以不定期地组织一些行业技术洽谈会，建立区域内部各省份科技管理部门领导相互挂职制度等。

4. 强化先进技术内部化

先进技术从引进到充分运用，还需要一个消化吸收的内部化过程，而且这也会直接影响到技术引进国的技术创新。为促进绿色技术的内部化，提升技能和技术的匹配程度很重要。理论和经验表明，技能-技术匹配性越高，技术的使用效率也就越高，从而在经济增长中的作用也就越大。这里的技能指的是技术的使用能力，即技术吸收能力，它受到人力资本水平、基础设施状况、自然环境状况、经济发展水平、地理区位等多个方面的影响。一般来说，落后地区技术能力都比较低下，为充分消化吸收引进的绿色先进技术，不断地提高其技术（吸收）能力十分必要，如加强高等教育和职业技能培训，提高产业发展中的道路、信息等基础设施水平，引进技术使用的熟练人才，促进与技术出让方的交流合作等。另外，先进技术内部化有必要全面掌握引进技术的一切信息，这可以通过下述一些措施来实现目的。一是通过购买与这些技术相关的工艺流程、图纸、专利、技术诀窍及关键设备等，从而全面掌握相关信息，再通过"反求工程"促进引进技术的内部化。二是通过并购活动来获取特定的目标技术，不仅可以变竞争对手为合作伙伴，最主要的是能吸收其现有的研发能力与成果，从而增强母公司的研发水平。

5. 促进技术自主研发

一般来说，技术研发都是与经济社会发展需求相一致的。国际上现有的技术都是与当时的经济发展现实相一致的，它们与当前的经济发展环境具有一定程度的差异。因此，仅仅通过先进技术引进未必就能够真正实现绿色增长的需要，这说明绿色技术需求者还要结合自身发展需要，大力开展自主研发。一般来说，先进技术的研发可以通过多种形式进行。一方面，为满足市场需求，增强自身核心竞争力，独立进行自主知识产权的研究与开发活动的自主研发，其优势在于研发活动可以完全按照自身意图进行，劣势在于研发个体能力有限。另一方面，由企业、科研院所、高等院校和政府等组织机构构成研发共同体，以共同利益为基础、以优势互补为前提进行创新活动，其优势在于能够规避风险、降低研发成本、缩短产品开发周期等的研发，劣势在于研发成果要满足多方需求，存在一定的协调困难。在具体的研发过程中，我们需要建立一套促进绿色技术研发的制度体系。一是要不断加大技术投资，解决那些不确定性高、投资回收期长的绿色技术融资难问题，如对中小型绿色技术、能效公司的投资、信贷和税收优惠提供政策支持。二是要对绿色技术提供补贴等政策支持，如对低碳技术的碳税和补贴，鼓励采用先进绿色技术（生产成本相对高）进行生产。三是要通过绿色激励、国家和部门绿色技术奖励，对那些具有开拓性的绿色技术部门进行奖励，提高公众对绿色技术创新重要性的认识。四是要明确研发的技术性要求（如排放污染物的浓度、速率、数量、时段、烟囱高度等参数），促进技术研发的问题导向。五是可实行技术商业化战略，组建绿色技术联合委员会，负责协调和监督整个预算拨款和开支。

第四节　不断完善环境规制手段

一、完善与环境相关的税收体制

环境税（environmental tax）是把环境污染和生态破坏的社会成本内化到生产成本和市场价格中去，促进自然资源和环境资源使用的私人成本与社会成本趋于一致，从而在市场机制的作用下促进环境资源优化配置，助推环境绩效优化的一种经济手段。环境税思想的提出较早，至少可以回溯至1920年，福利经济学创始人庇古（Pigou）在《福利经济学》中对环境与税收的理论研究，他主张对污染者按排污量征收一定的税，其数值等于排污的边际社会成本与边际私人成本之差。但是直到20世纪80年代，随着日益突出的环境问题，环境税才在实践中获得重视并得以应用。目前，国际上对环境税的定义较多，有人亦称之为生态税（ecological taxation）、绿色税（green tax）、与环境相关的税（environmentally related taxes）等。其中，OECD和欧洲环境署（European Environment Agency，EEA）对"与环境相关的税"的定义得到了经济合作与发展组织、国际能源署（International Energy Agency，IEA）和欧洲委员会（European Commission）等国际组织的认同，即"与环境相关的税"是"政府征收的具有强制性、无偿性，针对特别的与环境相关税基的任何税收。税种具有无偿性，即政府为纳税人提供的利益与纳税人缴纳的税款之间没有对应关系"[①]。李慧凤（2011）认为，环境税大致分为三类：以污染物排出量为标准的直接课税，如排污税；对商品和服务的间接课税，如营业税、增值税等间接税；环境减免税。苏明和许文（2011）指出，根据税基或征税对象对环境税进行划分，部分发达国家征收的与环境相关的税主要有能源税（energy taxes）、交通税（transport taxes）、污染税（pollution taxes）和资源税（resource taxes）；国内一般将与环境相关的税划分为污染排放税、污染产品税、碳税等。

我国的现行税制初步体现了环保的政策导向，但是仍然有待进一步完善。目前，我国开征的与环境相关的税收主要有资源税、消费税、车船使用税、城镇土地使用税、耕地占用税、城市建设维护税、增值税、营业税、所得税、房产税等税种。其中，资源税、消费税、车船使用税、城镇土地使用税、耕地占用税等，主要是通过增加自然资源和生态环境的使用成本，使得这些资源使用的边际私人成本和边际社会成本之间的差距缩小，对于集约利用资源、抑制污染产生和增加国家财政等方面都起到了一定作用。而增值税、营业税、所得税、房产税等在对有关环境保护商品和服务征税时，间接地对各种稀缺资源的使用起到了一定的调节作用，从而在一定程度上也具有优化环境绩效的效果。然而，在针对污染排放、破坏生态环境等行为课征的专门性环境税种（如水污染税、SO_2税、噪声税、垃圾税等）方面，我们还处于探讨阶段，而这些税种在与环境相关的税收制度中处于不可或缺的主体地位。不仅如此，在国内涉及环保的现有税种中，仍然存在相关规定不健全的情况。比如，资源税的征缴主要取决于资源的开采条件，而与其环境影响几乎无关；城市建设维护税缺乏独立性，负担与受益脱节；消费税没有将煤炭及其他一些主要大气污染源纳入征收范围；城镇土地使用税比例低；耕地占用税覆盖范围太窄，等等。这些相关规定的不完善，对于在引导和监督自然资源合理利用方面的有效性不高，对环境保护的力度不够。因此，全面健全我国与环境相关的税收体制，是促进我国环境绩效优化的重要手段之一。

---

① 转引自苏明和许文，2011，第2页。

二、健全并推行可交易排污许可证制度────────────

可交易排污许可证制度是与排污费（税）和削减政府补贴并列的基于市场的环境规制三大工具之一，已成为国际通行的一项环境管理基本制度，美国、日本、德国、瑞典、俄罗斯，以及我国台湾地区、香港地区都已立法，对排放水、大气、噪声污染的行为实行许可证管理。排污许可证（亦称排放污染物许可证）是指："环境保护部门为了减轻或者消除排放污染物对公众健康、财产和环境质量的损害，依法对各个企事业单位的排污行为提出具体要求，包括前置性条件（如排污单位的建立是否符合环境影响评价法和国家产业政策，即排污者是否有合法身份），日常管理性要求（如在生产经营过程中维护污染治理设施正常运行，监测污染物产生和排放情况，按期向环保部门报告，按期参加年检等），技术性要求（如排放污染物的浓度、速率、数量、时段、烟囱高度等参数），以书面形式确定下来，作为排污单位守法和环境保护部门执法以及社会监督的凭据。这个书面凭据就是排污许可证。"［国家环境保护总局办公厅，2007，《排污许可证管理条例》（征求意见稿）起草说明］

而排污权交易是在排污许可证制度基础上，运用市场机制促进污染减排和环境保护、提高环境资源配置效率的有效手段，是推进环境保护体制机制创新的重要突破口。也就是说，可交易排污许可证制度是在政府部门的限额与交易计划对排放总量或可利用的资源总量设定上限（或"最高限额"）的前提下，通过发出个人许可证或权利直到达到这一限额，这些许可证或权利可以在限额与交易计划的参与者之间进行买卖；其实质是在存在外部性条件下，通过市场手段解决排污的私人边际成本偏离社会边际成本问题，从而最终促使资源合理分配。Dales（1968）、Montgomery（1972）等指出，可交易排污许可像排污收费一样，能以最低的成本在排污者之间进行减污努力的有效配置。可交易排污许可制度允许进行许可证交易，使得排污者可通过比较排污和购买额外许可来选择出成本相对较小的遵守规则的成本；这样的交易不仅使排污者因降低其守法成本而受益，而且还降低了社会达到既定环境目标所需要的总成本（马士国，2009）。不过，某些污染物如没有将空间差异纳入工具设计中的话，会使基于市场的环境规制工具失去成本节省方面的大部分优势（Mendelsohn，1986）。因此，一些学者也针对可交易排污许可证制度可能存在的地区差异问题，提出了一些可相互替代的解决工具，如分区交易、周边许可交易，以及污染补偿系统等（Atkinson and Tietenberg，1982；McGartland，1988；Baumol and Oates，1988；Foster and Hahn，1995）。

我国从 20 世纪 80 年代中期开始，天津、苏州、扬州、厦门等 10 余个城市的环保部门就已开始探索排污许可证这一基本的环境管理制度（罗吉，2008）。特别是近年来一系列文件和讲话的不断面世，标志着我国排污许可证制度的发展进入新的阶段。比如，2005 年 12 月国务院发布了《关于落实科学发展观加强环境保护的决定》，提出"要实施污染物总量控制制度，推行排污许可证制度，禁止无证或超总量排污"（国务院，2005）；2006 年 4 月召开的第六次全国环境保护大会上，温家宝总理明确提出"要全面推行排污许可证制度，加强重点排污企业在线监控，禁止无证或违章排污"（温家宝，2006）；2008 年《中华人民共和国水污染防治法》第二十条明确规定"国家实行排污许可制度"；2011 年 10月，国务院发布的《关于加强环境保护重点工作的意见》（国发〔2011〕35 号）指出，要开展排污权有偿使用和交易试点，建立国家排污权交易中心，发展排污权交易市场。目前，全国有近 20 个省市开展了排污权交易，其中天津、江苏、浙江、湖北、湖南、重庆、内蒙古、山西、陕西、河南、河北等 11 个省（自治区、直辖市）被列为国家排污权交易试点省份；其他 10 来个省份也在积极地探索尝试。然而，李志勇等（2012）、何强等（2012）、杜婧（2012）等指出，国内可交易排污许可证制度仍然存在一些问题有待完善，比如，国内排污权有偿使用和交易工作中相关的法律法规缺失，排污总量的确定方法不仅忽略了减排计划的长期性和可延续性而且未考虑各区域、各企业的贡献差异，排污权初始分配不公平，二级交易市场中的公平性制度设计不足，排污量监测不力等。因此，为充分发挥可交易的排污许可证制度在促进减排中的重要作用，在健全该制度的基础上，国内应全面推行。

三、改革（或取消）化石燃料能源补贴

化石燃料是经济活动产生碳排放的重要来源之一，对化石燃料的消费或生产给予补贴，相当于变相地对碳排放给予了事实上的奖励。而取消这种有害环

境的补贴，会对环境改善起到不可忽视的作用。不仅如此，取消补贴产生的这些预算结余资金还可用来削减其他扭曲性税收，从而增加因取消补贴而产生的实际收入增益，有助于整顿财政，或可以用于减贫，以一种比通过对化石燃料消费给予全面补贴更有针对性和更高效的方式来进行（OECD，2010a）。国际能源机构运用价格差距方法所作的估计表明，2007 年 20 个发展中国家和新兴经济体对化石燃料消费的补贴达 3100 亿美元，取消这些补贴不仅会降低全球为实现减排目标所付出的代价，而且会对解决气候变化问题做出重要贡献（OECD，2009）。OECD 的一项研究表明，到 2020 年逐步取消这些补贴可使非欧盟东欧国家、俄罗斯和中东在 2050 年减少 20％以上的温室气体（OECD，2010b）。我国作为全球最大的发展中国家，在化石燃料能源方面不仅需求巨大，而且相关补贴也很大。据估算，2007 年中国化石能源补贴规模为 3864 亿元人民币，其中石油补贴 2718 亿元，天然气补贴 716 亿元，煤炭补贴 430 亿元（刘伟和李虹，2014）。显然，这种庞大的补贴刺激了化石能源的过度消耗，不利于控制 CO_2 等温室气体的排放，阻碍了绿色增长，其改革势在必行。

第五节　全面提高人口素质

一、提高民众环保意识

作为一种思想和观念，环保意识（environmental consciousness 或 environmental awareness，亦称环境意识）源远流长，至少可以回溯至中国古代对人与自然和谐相处的探讨。在现代，环保意识的首倡当推 1968 年 Roth 对环境素养（environmental literacy）的探讨，而国内对环保意识的正式提出则相对晚些，首见于 1983 年第二届全国环境保护会议中廖汉生同志的发言（王民，2000）。那么，什么是环保意识呢？杨朝飞（1992）指出，环保意识是一个哲学概念，它指的是依据人类社会经济发展对环境的依赖关系以及环境对人类活动的限制作用，认识或理解人与自然关系的理论、思想、情感、意志等意识要素与观念形态的总和；环保意识包括相辅相成的两个方面，一是人们对环境的认识水平，即环境价值观念，如心理、感受、感知、思维和情感等因素，二是人们保护环境行为的自觉程度。其他一些学者从文化角度（姚炎祥，1993）、价值观角度（徐嵩龄，1997）、心理学角度（刘培哲，1993）和公民应具有环境素养的内容角度（Volk et al，1984）对环保意识的内涵进行了探讨。显然，环境意识是一个总和性的概念，它是多层次、全方位对人与环境关系反映的内容体系，包括认识论层次、伦理道德层次、政策法律层次、行为规范和行为策略层次（王民，2000）。

　　一些研究表明，环保意识在促进经济绩效和保护环境等方面都具有重要的作用。众所周知的一个常识表明，在提供公共产品时公司不愿意参与环保投资，原因在于这具有外部性。然而，一些经验事实却与此背道而驰。比如，一些公司用更昂贵的纸袋而不是相对便宜的塑料袋来包装产品，其原因在于纸袋是可生物降解的。再如，即使通常会增加生产成本，一些公司仍然用可回收的纸和大豆油墨来印刷它们的广告海报。一些研究指出，这些悖论式现象的存在意味着，环境质量不仅支配着消费者的偏好，而且还扮演者一个生产角色（Bovenberg and Smulders，1995；Smulders and Gradus，1996；Bovenberg and de Mooij，1997）。Liu 和 Wu（2009）指出，公司自发的环保投资给消费者树立了一个更好的公司形象，这为公司赢得了更好的声誉，结果是公司产品的消费需求增加。Blend 和 van Ravenswaay（1999）、Wessells 等（1999）的经验研究印证了这一结论，他们的研究表明，生态标签是减少生产或消费环节环境破坏的自发要求和参考，厂商将其作为一个发掘日益增长的"绿色"消费者群的潜在手段。Liu 和 Wu（2009）的理论模型分析进一步表明，民众的环保意识在激发公司自发进行环保投资中扮演着重要角色：如果不存在这种环保意识，那么就无法激励公司从事环保投资；一旦消费者更具有环保意识，环保投资增加了公司的声誉效应，这反过来会增加消费需求，从而自利的公司就愿意从事环保投资。张青（2011）以广东番禺垃圾焚烧厂选址事件中公众环保意识增强和由此而引发的相关民间环保行动为例，探讨了环保意识对政府决策的影响，结果发现公众环保意识会影响到政府环保决策过程。显然，上述这些研究结论一致表明，民众的环保意识在促进经济增长和环境保护方面具有重要作用。作为当前最大的发展中国家，工业化和城镇化都在快速推进，这对我国带来了巨大的环境保护压力。因此，我们在经济发展中，应多渠道提高民众的环保意识，如宣传节能减排、提高环保事件透明度、倡导低碳生活、发挥民众参与环保相关决策和监督等。

二、提高民众人力资本水平

（一）人力资本的内涵

人力资本是指花费在人力保健、教育、培训等方面的投资而形成的资本，它经由后天学校教育、家庭教育、职业培训、卫生保健、劳动力迁移和劳动力就业信息收集与扩散等途径而获得，能提高投资接受体的技能、学识、健康、道德水平和组织管理水平的总和。作为"活资本"的人力资本，具有创新性、创造性，还具有有效配置资源、调整企业发展战略等市场应变能力，比物质、货币等硬资本具有更大的增值空间。

（二）人力资本促进绿色增长机制

绿色增长意味着在促进经济增长和发展的同时，必须确保自然资源继续提供人类福祉依赖的资源和环境服务。而人力资本在促进绿色增长中具有不可替代的推动作用。我们认为，人力资本至少可以通过要素效率提升、产业结构优化、扩大就业和积累知识等多种机制来促进绿色增长，见图7-4。

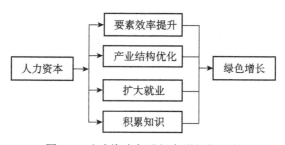

图 7-4　人力资本促进绿色增长的机制

1. 要素效率提升机制

绿色增长不仅改善环境，而且提高生产效率，人力资本提升则有助于生产要素的效率提升。人力资本体现了劳动力的质量，它是附着于人体上的一种生产投入要素。一方面，人力资本水平越高，劳动力在经济活动中的生产效率越高，既体现在资源的优化组合方面，也体现在技术（或工艺）的熟练掌握上。另一方面，人力资本作为技术吸收能力的重要构成要素，它直接影响到绿色技术的吸收利用程度，进而通过提高技术使用效率来提升生产要素的生产率。此外，人力资本也是技术研发的重要构成要素，其水平高低直接影响到自主创新能力的大小，从而会通过影响技术水平高低来影响生产要素的使用效率。

2. 产业结构优化机制

经济发展过程是产业结构不断优化调整的过程，新兴产业比重不断提升，传统落后产业将不断淘汰，而产业结构优化升级离不开技能人才。根据产业结构演进的一般规律，最初是一些劳动密集型轻工业在经济中占主导地位，随后是资本密集型重化工业在经济中居于支配地位，当产业结构演进到更高层次时，技术密集型高技术产业占主导地位，最后将进一步演进到服务产业占主要地位的高级阶段。显然，在这种产业结构优化升级过程中，人力资本扮演着十分重要的作用。一方面，人力资本水平的提高会提升劳动力的技能水平，避免产业转型中的技能人才缺失现象。另一方面，人力资本水平的提高有助于提升管理者对世界的认识，从而提高他们对产业转型升级的指导作用。

3. 扩大就业机制

一方面，人力资本投资提供了正规教育、培训机构、职业技工学校等新的就业机会，吸纳大量就业人员；同时，相关机构的建立促进房屋、桌椅、教材、教具、医疗保健、健身器材、场地、操作机器、实验室、仪器设备等相关产业的发展，吸纳更多劳动人员促进就业。另一方面，人力资本水平越高则企业竞争优势越明显，企业市场份额越大从而能够创造更多工作机会；同时个人的就业竞争力也越强，越有助于促进个体就业。此外，人力资本投资提高人力资本水平会在一定程度上推迟就业时间，缓解当前就业压力；同时人力资本水平的提升可以缓解结构性失业。

4. 积累知识机制

知识是人类在实践中认识客观世界（包括人类自身）的成果，它包括事实、信息、描述或在教育和实践中获得的技能。显然，知识的获取和积累都离不开人类的创造性劳动，而人力资本的高低决定着行动主体创造性劳动的质量。人力资本水平越高，意味着劳动者具有更高的知识和技能、更高的生产力和分辨力，这对于建立良好生态环境，促进经济良好、稳定、健康可持续发展具有至关重要的作用。另外，人力资本水平越高，劳动者拥有的知识越多，他们发现生产中稀缺资源、污染排放量大的中间品的替代品的可能性也就越大，这在一定程度上有助于缓解资源短缺压力。同时，人力资本是知识的创新、扩散和应用不可缺少的因素，人力资本可以提高客观规律认识，减少人与自然矛盾的损失，推动管理、技术、制度创新，从而促进技术进步，提升劳动者的敬业、团结等优良品质，形成较好的价值观念，最终推动经济不断发展。

（三）提升人力资本的对策建议

1. 完善政策和环境支持

人力资本投资既是一种个体行为，又是关系国计民生的公众行为，需要一系列的政策支持。一是完善地区人才政策，包括引进人才政策、留住人才政策、培育人才政策、社会保障政策、就业促进政策、科技创新政策、户籍制度改革等，促进人力资本水平和存量提高，减小劳动力转移障碍，提高人力资本的产出效应。二是加强企业员工福利保障，严格执行国家的有关法规，积极联合有关政府职能部门，在职工住房、就医、消费、交通、娱乐等方面提供便利，保障职工的正常权利，确保职工忠诚、敬业、健康和稳定。三是通过相对公平性的报酬、奖惩措施、模范表彰，畅通的晋升通道，具备吸引力的内部职工培养方式，人性化的办公环境等，提升管理人员和技术人员的信心，加强团结合作，构建和谐劳资关系，激发员工的积极性与创造性，促进人力资本提升。

2. 加大教育投资力度

人力资本是后天获取的一种能力，可以通过培训等多种方式进行积累。一是加大学历教育投入，不仅要从资金上加大投入，而且在师资力量等方面也应该进一步加强，有力提升教育水平，促进民众的文化素质水平的提高，解决长江上游地区高素质劳动力短缺的现实问题。二是大力加强职业教育，尤其是更应加大中等职业教育的投入力度，在企业中推行普遍职业教育制度，着力加强员工在职培训，切实提高从业人员的科学文化素质。三是加强绿色教育，通过各种形式的环保教育，全面提升民众的生态环保意识。

3. 建立人才交流合作机制

建立地区各省份及同其他国家、地区的人才合作机制，加强同高校、科研院所等的科技合作，高科技人才转型，是促进人力资本提升的重要途径之一。共同进行人才引进和开发，促进技术交流与合作，建立人力资本投资合作。鼓励同其他国家、地区的人才交流，发挥人力资本外部性对经济增长的影响；鼓励地区间经济联动，共同研发科研项目；加强信息共享机制建设，发挥人力资本空间溢出效应。采取校企联合办学、招收"重点企业班"等方式，鼓励职业院校根据企业需求扩大招生规模、开设实用专业，为重点企业定向输送合格人才。与高校研发机构等对接，联合社会组织、研发机构、高等院校、职业院校，形成就业、培训的良性机制，实现高科技人才转型，进而提升人力资本。

总之，为促进长江上游地区工业环境绩效优化，应从多角度设计并实施绿色增长框架。绿色增长的总体目标框架是通过多种途径建立提高福祉的激励或机构，这不仅包括应从市场出发，通过一系列工具来矫正价格信号，实现自然资源和环境资源的优化组合，而且还应充分寻求非市场手段来影响企业、家庭或个人行为，增进他们对环保的关切度并采取实质性手段来改善环境。本书认为，为通过绿色增长来促进中国工业环境绩效优化，我们应全方位多角度入手，如全面推进生态创新、优化产业结构、推进绿色技术进步、完善环境规制手段、提高人口素质等。

参考文献

白志礼 . 2009 . 流域经济与长江上游经济区空间范围界定探讨 . 重庆工商大学学报（西部论坛），(5)：9-18，108

北京师范大学科学发展观与经济可持续发展研究基地，西南财经大学绿色经济与经济可持续发展研究基地，国家统计局中国经济景气监测中心 . 2010.2010 中国绿色发展指数年度报告：省际比较 . 北京：北京师范大学出版社

曹光辉，汪锋，张宗益，等 . 2006 . 我国经济增长与环境污染关系研究 . 中国人口·资源与环境，16 (1)：25-29

陈栋生 . 1996 . 长江上游经济带发展的几个问题 . 开发研究，(4)：30-32

陈汎 . 2008 . 企业环境绩效评价：在中国的研究与实践 . 海峡科学，(7)：30-34

陈佳贵，黄群慧，钟宏武 . 2006 . 中国地区工业化进程的综合评价和特征分析 . 经济研究，(6)：4-15

陈静，林逢春，杨凯 . 2007 . 基于生态效益理念的企业环境绩效动态评估模型 . 中国环境科学，(5)：717-720

陈瑞清 . 2007 . 建设社会主义生态文明 实现可持续发展 . 内蒙古统战理论研究，(2)：9，13

陈诗一 . 2009 . 能源消耗、二氧化碳排放与中国工业的可持续发展 . 经济研究，(4)：41-55

陈雪琴 . 2015 . 中国产业转移呈现新特征：大迁移 . http://finance.ifeng.com/a/20150228/13519743_0.shtml［2015-02-28］

陈元江 . 2005 . 工业化进程统计测度与质量分析指标体系研究 . 武汉大学学报（哲学社会科学版），(6)：819-823

陈元江，黄小舟 . 2005 . 工业化进程测度指标的实证与思考 . 统计与决策，(7)：7-16

陈运春 . 2012 . 生态文明视阈中的绿色环保意识内涵及其养成 . 湖北社会科学，(5)：112-114

达凤全 . 2001 . 重建生态屏障：长江上游地区生态环境建设的战略目标 . 中国农村经济，(2)：53-58

邓玲，杜渐 . 1994 . 长江上游地区能源原材料工业发展对策研究 . 经济体制改革，(1)：13-17

杜婧 . 2012 . 我国排污权交易现状及后续市场建设模式 . 山东农业科技，(4)：82，114-115

樊海潮 . 2009. 技术进步与环境质量：个体效用的作用分析 . 世界经济文汇，(1)：50-57

冯雅 . 2012. 西部地区承接产业转移步入快车道 . http：//finance. cnr. cn/gundong/201208/
　　t20120818_510629567. shtml［2012-08-18］

符淼 . 2008. 我国环境库兹涅茨曲线：形态、拐点和影响因素 . 数量经济技术经济研究，
　　(11)：40-55

高静，黄繁华 . 2011. 贸易视角下经济增长和环境质量的内在机理研究——基于中国 30 个省
　　市环境库兹涅茨曲线的面板数据分析 . 上海财经大学学报，(10)：66-74

郭克莎 . 2000a. 工业化中结构转变的趋势与特点 . 经济纵横，(9)：4-7

郭克莎 . 2000b. 中国工业化的进程、问题与出路 . 中国社会科学，(3)：60-71，204

郭克莎，周叔莲 . 2002. 工业化与城市化关系的经济学分析 . 中国社会科学，(2)：44-55

国家环境保护总局办公厅 . 2007. 排污许可证管理条例（征求意见稿）起草说明 . http：//
　　www. goootech. com/policy/detail-30158226. html［2008-01-14］

国务院 . 2005. 国务院关于落实科学发展观加强环境保护的决定（国发〔2005〕）. http：//
　　www. gov. cn/zwgk/2005-12/13/content_125736. htm［2005-12-03］

哈继铭 . 中国城镇化率提高 1% GDP 五年将增长 3.5% . http：//finance. sina. com. cn/roll/
　　20130218/171314575099. shtml［2013-02-18］

韩兆洲 . 2002. 工业化进程统计测度及实证分析 . 统计研究，(10)：6-8

何平，陈丹丹，贾喜越 . 2014. 产业结构优化研究 . 统计研究，(7)：31-37

何强，向洪，陈刚才 . 2012. 我国排污权交易试点情况及主要问题和对策探讨 . 三峡环境与生
　　态，(5)：53-56

何松彪，王芳 . 2007. 油田企业环境业绩的评价 . 油气田地面工程，(7)：4-5

贺胜兵 . 2009. 考虑能源和环境因素的中国省际生产率研究 . 华中科技大学博士学位论文

贺胜兵，周华蓉，刘友金 . 2011. 环境约束下地区工业生产率增长的异质性研究 . 南方经济，
　　(11)：28-41

胡锦涛 . 2007. 胡锦涛在党的十七大上的报告 . http：//news. xinhuanet. com/newscenter/2007-
　　10/24/content_6938568. htm［2007-10-24］

胡亮，潘厉 . 2007. 国际贸易、外国直接投资、经济增长对环境质量的影响——基于环境库兹
　　涅茨曲线研究的回顾与展望 . 国际贸易问题，(10)：101-107

胡曲应 . 2011. 环境绩效评价国内外研究动态述评 . 科技进步与对策，(5)：156-160

胡晓珍，杨龙 . 2011. 中国区域绿色全要素生产率增长差异及收敛分析 . 财经研究，(4)：
　　123-134

环境保护部环境规划院 . 2012. 环境规划院完成 2009 年中国环境经济核算报告 . http://www. caep. org. cn/ReadNews. asp? NewsID=3105 [2012-01-16]

黄群慧 . 2010. 北京和上海已经发展到后工业化阶段 . http://www. ce. cn/cysc/newmain/jdpd/hglc/201002/28/t20100228_20171494. shtml [2010-02-28]

黄先海 . 2006. 物化性技术进步与我国工业生产率增长 . 数量技术经济研究,(12):52-60

黄志亮 . 2011. 长江上游地区经济一体化研究 . 北京:科学出版社

贾百俊,刘科伟,王旭红,等 . 2011. 工业化进程量化划分标准与方法 . 西北大学学报(哲学社会科学版),41(5):59-64

贾瑞跃,赵定涛 . 2011. 环境规制视角下污染产业转移的实证研究 . 湖南科技大学学报(社会科学版),(3):78-80

贾瑞跃,赵定涛 . 2012. 工业污染控制绩效评价模型:基于环境规制视角的实证研究 . 系统工程,(6):1-9

蒋伟,刘牧鑫 . 2011. 外商直接投资与环境库兹涅茨曲线:基于中国城市数据的空间计量分析 . 数理统计与管理,(7):752-760

靖学青 . 2013. 中国省际物质资本存量估计:1952~2010. 广东社会科学,(2):46-55

库兹涅茨 S. 1989. 现代经济增长:发现与思考 . 戴睿,易诚译 . 北京:北京经济学院出版社

库兹涅茨 S. 1999. 各国的经济增长 . 常勋等译 . 北京:商务印书馆

李虹 . 2010. 化石能源补贴改革与中国低碳经济社会的构建 . 宏观经济管理,(9):51-53

李慧凤 . 2011. 中国环境税制现状、问题及对策研究 . 技术经济与管理研究,(3):78-81

李玲,陶锋 . 2012. 中国制造业最优环境规制强度的选择——基于绿色全要素生产率的视角 . 中国工业经济,(5):70-82

李时兴 . 2012. 偏好、技术与环境库兹涅茨曲线 . 中南财经政法大学学报,(1):31-38

李志勇,洪涛,王燕,等 . 2012. 排污权交易试点总体工作框架研究 . 环境与可持续发展,(4):41-48

林诚二,村上正吾,渡边正孝,等 . 2004. 基于全球降水数据估计值的地表径流模拟——以长江上游地区为例 . 地理学报,(1):125-135

刘京徽 . 2013. 既要金山银山 更要绿水青山——"长江上游生态环境保护和综合开发利用"调研纪实 . 前进论坛,(6):16-18

刘培哲 . 1993. 当代的环境意识、环境问题和经验教训 . 北京:海洋出版社

刘伟,李虹 . 2014. 中国煤炭补贴改革与二氧化碳减排效应研究 . 经济研究,(8):146-157

刘伟明,唐东波 . 2012. 环境规制、技术效率和全要素生产率增长 . 产业经济研究,(5):

28-35

陆旸，郭路.2008. 环境库兹涅茨倒 U 型曲线和环境支出的 S 型曲线：一个新古典增长框架下的理论解释. 世界经济，（2）：82-92

吕彬，杨建新.2006. 生态效率方法研究进展与应用. 生态学报，（11）：3898-3906

罗吉.2008. 完善我国排污许可证制度的探讨. 河海大学学报（哲学社会科学版），（3）：32-36

马士国.2009. 基于市场的环境规制工具研究述评. 经济社会体制比较，（2）：183-191

马育军，黄贤金，肖思思，等.2007. 基于 DEA 模型的区域生态环境建设绩效评价——以江苏省苏州市为例. 长江流域资源与环境，16（6）：770-774

梅林海，谭轶.2012. 引入进口贸易的环境库兹涅茨曲线实证研究——以湖北省为例. 中国城市经济，（1）：53-56

诺斯 D C.1994. 制度、制度变迁与经济绩效. 刘守英译. 上海：三联书店

潘岳.2007. 社会主义生态文明. 绿叶，（9）：1-2

彭水军，包群.2006. 经济增长与环境污染：环境库兹涅茨曲线假说的中国检验. 财经问题研究，（8）：3-17

钱纳里.1989. 工业化与经济增长的比较研究. 吴奇等译. 上海：上海三联出版社

曲格平.2010. 生态文明理念和发展方略. 人民论坛，（2）：11-13

冉瑞平.2003. 长江上游地区环境与经济协调发展研究. 西南农业大学博士学位论文

佘群芝.2004. 正当贸易环境措施与绿色贸易壁垒的甄别. 当代财经，（8）：100-101

佘群芝.2008. 环境库兹涅茨曲线的理论批评综论. 中南财经政法大学学报，（1）：20-26

佘群芝，王文娟.2012. 减污技术与环境库兹涅茨曲线——基于内生增长模型的理论解释. 中南财经政法大学学报，（4）：131-136

沈可挺，龚健健.2011. 环境污染、技术进步与中国高耗能产业——基于环境全要素生产率的实证分析. 中国工业经济，（12）：25-34

世界环境与发展委员会.1997. 我们共同的未来. 王之佳等译. 北京：世界知识出版社

世界银行.1992.1992 年世界发展报告：发展与环境. 北京：中国财政经济出版社

宋周莺，刘卫东.2013. 西部地区产业结构优化路径分析. 中国人口·资源与环境，（10）：31-37

苏明，许文.2011. 中国环境税改革问题研究. 财政研究，（2）：2-12

谭娟，陈晓春.2011. 基于产业结构视角的政府环境规制对低碳经济影响分析. 经济学家，（10）：91-97

田银华，贺胜兵，胡石其 . 2011. 环境约束下地区全要素生产率增长的再估算：1998—2008. 中国工业经济，(11)：47-57

万林葳 . 2011. 环境收益、环境效益和环境绩效概念辨析 . 财会月刊，(24)：94-95

王兵，吴延瑞，颜鹏飞 . 2008. 环境管制与全要素生产率增长：APEC 的实证研究 . 经济研究，(5)：19-32

王兵，吴延瑞，颜鹏飞 . 2010. 中国区域环境效率与环境全要素生产率增长 . 经济研究，(5)：95-109

王波，张群，王飞 . 2002. 考虑环境因素的企业 DEA 有效性分析 . 控制与决策，(1)：24-28

王伯承 . 2011. 五个一体化助推重化工园区低碳发展——以重庆长寿经济技术开发区低碳实践为典例 . 中国商界，(10)：108-109

王成金，杨威，许旭，等 . 2011. 工业经济发展的资源环境效率评价方法与实证——以广东和广西为例 . 自然资源学报，26 (1)：97-109

王恩旭，武春友 . 2011. 基于超效率 DEA 模型的中国省际生态效率时空差异研究 . 管理学报，(3)：443-450

王俊能，许振成，胡习邦，等 . 2010. 基于 DEA 理论的中国区域环境效率分析 . 中国环境科学，(4)：565-570

王民 . 2000. 环境意识概念的产生与定义 . 自然辩证法通讯，(4)：86-90

温家宝 . 2006. 全面落实科学发展观 加快建设环境友好型社会 . http://www.gmw.cn/01gmrb/2006-04/24/content_408563.htm [2006-04-24]

吴军 . 2009. 环境约束下中国地区工业全要素生产率增长及收敛分析 . 数量经济技术经济研究，(11)：17-27

徐篙龄 . 1997. 环境意识关系到中国的现代化前途 . 科技导报，(1)：46-49

许海萍 . 2009. 基于环境因素的全要素生产率和国民收入核算研究 . 浙江大学博士学位论文

薛白 . 2009. 基于产业结构优化的经济增长方式转变——作用机理及其测度 . 管理科学，(5)：112-120

杨朝飞 . 1992. 关于环境意识内涵的研究 . 环境保护，(4)：26-28

杨东宁，周长辉 . 2004. 企业环境绩效与经济绩效的动态关系模型 . 中国工业经济，(4)：43-50.

杨骞 . 2014. 技术进步对全要素能源效率的空间溢出效应及其分解 . 经济评论，190 (16)：54-62

杨文举 . 2006. 技术效率、技术进步、资本深化与经济增长：基于 DEA 的经验分析 . 世界经济，(5)：73-83

杨文举.2008. 适宜技术理论与中国地区经济差距：基于 IDEA 的经验分析. 经济评论，（3）：28-33

杨文举.2009. 中国地区工业的动态环境绩效：基于 DEA 的经验分析. 数量经济技术经济研究，（6）：87-98，114

杨文举.2010. 适宜技术理论与地区经济差距：理论及中国的经验研究. 北京：高等教育出版社

杨文举.2011a. 中国工业的动态环境绩效：基于细分行业的 DEA 分析. 山西财经大学学报，（6）：64-71

杨文举.2011b. 基于 DEA 的绿色经济增长核算：以中国地区工业为例. 数量经济技术经济研究，（1）：19-34

杨文举.2015. 中国省份工业的环境绩效影响因素——基于跨期 DEA-Tobit 模型的经验分析. 北京理工大学学报（社会科学版），（2）：40-48

杨文举，龙睿赟.2012a. 中国地区工业绿色全要素生产率增长：基于方向性距离函数的经验分析. 上海经济研究，（7）：3-12，21

杨文举，龙睿赟.2012b. 重庆市制造业的绿色经济增长核算：2001—2010. 西部论坛，22（6）：78-86

杨文举，龙睿赟.2013. 中国地区工业的生态效率测度及趋同分析：2003—2010 年. 经济与管理，27（7）：12-18

姚炎祥.1993. 环境保护辩证法概论. 北京：中国环境科学出版社

伊特韦尔 J，米尔盖特 M，纽曼 P.1996. 新帕尔格雷夫经济学大辞典（中译本）. 陈岱孙等译. 北京：经济科学出版社

余谋昌.2006. 生态文明是人类的第四文明. 绿叶，（11）：20-21

袁天天，石奇，刘玉飞.2012. 环境约束下的中国制造业全要素生产率及其影响因素研究——基于经济转型期的经验研究. 武汉理工大学学报（社会科学版），（6）：860-867

袁志刚，范剑勇.2003.1978 年以来中国的工业化进程及其地区差异分析. 管理世界，（7）：59-66

詹小红.2012. 韩国经济低碳、绿色增长及启示. 领导文萃，（8）：7-22

张炳，毕军，黄和平，等.2008. 基于 DEA 的企业生态效率评价：以杭州湾精细化工园区企业为例. 系统工程理论与实践，（4）：159-166

张江雪，王溪薇.2013. 中国区域工业绿色增长指数及其影响因素研究. 软科学，（10）：92-96

张培刚.1991. 发展经济学理论（第一卷）. 长沙：湖南人民出版社

张青.2011. 公众环保意识影响地方政府环保决策的范例——广东番禺垃圾焚烧厂选址事件的分析. 江苏技术师范学院学报,(9):8-13

张群,荀志远.2007. 基于数据包络分析方法的项目环境效率评价. 科技进步与对策,(11):80-82

张晓娣.2014. 增长、就业及减排目标约束下的产业结构优化研究. 中国人口·资源与环境,(5):57-65

甄江红,贺静,李灵敏.2014. 内蒙古呼包鄂地区工业化进程演进分析. 内蒙古师范大学学报(自然科学汉文版),(3):357-362

郑季良,邹平.2005. 对企业环境绩效的思考. 生态经济,(10):109-119

中华人民共和国国家发展计划委员会.2002. "十五"西部开发总体规划. http://ca. china-embassy. org/chn/zt/xbdkf/zxbd/t28252. htm [2003-10-13]

中华人民共和国国家统计局.2012. 中华人民共和国 2011 年国民经济和社会发展统计公报. http://www. gov. cn/gzdt/2012-02/22/content_2073982. htm [2012-02-22]

钟茂初,张学刚.2010. 环境库兹涅茨曲线理论及研究的批评综论. 中国人口·资源与环境,(2):62-67

周国富,李时兴.2012. 偏好、技术与环境质量——环境库兹涅茨曲线的形成机制与实证检验. 南方经济,(6):85-95

周华林,李雪松.2012. Tobit 模型估计方法与应用. 经济学动态,(5):105-119

周景博,陈妍.2008. 中国区域环境效率分析. 统计与决策,(14):44-46

周英峰,刘铮.2009. 中国从工业化起步阶段跨到工业化中期阶段. http://news. xinhuanet. com/politics/2009-09/21/content_12091552. htm [2009-09-21]

诸大建,邱寿丰.2008. 作为我国循环经济测度的生态效率指标及其实证研究. 长江流域资源与环境,(1):1-5

Aghion P, Hemous D, Veugelers R. 2009a. No green growth without innovation. http://www. researchgate. net/publication/40637956_No_green_growth_without_innovation._Bruegel_Policy_Brief_200907_November_2009 [2009-10-07]

Aghion P, Veugelers R, Serre C. 2009b. Cold start for the "green innovation machine". http://www. researchgate. net/publication/46433019_Cold_Start_for_the_Green_Innovation_Machine [2009-10-12]

Ambec S, Lanoie P. 2008. Does it pay to be green? A systematic overview. Academy of Management Perspectives, 22 (4):45-62

Aragón-Correa J A. 1998. Strategic proactivity and firm approach to the natural environment.

Academy of Manage Journal, 41 (5): 556-567

Atkinson S E, Tietenberg T H. 1982. The empirical properties of two classes of designs for transferable discharge permit markets. Journal of Environmental Economics and Management, 9 (2): 101-121

Austin D, Alberini A, Videras J. 1999. Is there a link between a firm's environmental and financial performance? Presented at NBER summer institute public economics workshop: Public policy and the environment. Cambridge, MA

Auty R. 1993. Sustaining Development in Mineral Economies: The Resource Curse Thesis. London: Routledge

Banker R D, Charnes A, Cooper W W. 1984. Some models for estimating technical and scale inefficiencies in data envelopment analysis. Management Science, 30 (9): 1078-1092

Barbara Casu, Claudia Girardone. 2010. Integration and efficiency convergence in EU banking markets. Omega, 38 (5): 260-267

Battese G E, Rao D S P, O'Donnell C J. 2004. A metafrontier production function for estimation of technical efficiencies and technology gaps for firms operating under different technologies. Journal of Productivity Analysis, 21 (1): 91-103

Baumol W J. 1986. Productivity growth, convergence and welfare: What the long-run data show. American Economic Review, 76 (5): 1072-1085

Baumol W J, Oates W E. 1988. The Theory of Environmental Policy. Cambridge: Cambridge University Press

Becerril-Torres O U, Álvarez-Ayuso I C, Del Moral-Barrera L E. 2010. Do infrastructures influence the convergence of efficiency in Mexico? Journal of Policy Modeling , 32 (1): 120-137

Blend J R, van Ravenswaay E O. 1999. Measuring consumer demand for ecolabeled apples. American Journal of Agricultural Economics, 81 (5): 1072-1077

Bluffstone R. 1999. Are the costs of pollution abatement lower in central and eastern Europe? Evidence from Lithuania. Environmental Development Economics, 4 (4): 449-470

Bonte R J, Janssen R, Mooren R H J, et al. 1998. Multicriteria analysis: Making subjectivity explicit//Commissie voor de milieueffectrapportage M van. New experiences on environmental impact assessment in the Netherlands: process, methodology, case studies. Utrecht: Commissie voor de milieueffectrapportage: 23-28

Bovenberg A L, de Mooij R A. 1997. Environmental tax reform and endogenous growth. Journal of Public Economics, 63 (2): 207-237

Bovenberg A L, Smulders S. 1995. Environmental quality and pollution-augmenting technological change in a two-sector endogenous growth model. Journal of Public Economics, 57 (3): 369-391

Bragdon J H, Marlin J A T. 1972. Is pollution profitable? Risk Management, 19 (4): 9-18

Brock W A, Taylor M S. 2010. The green Solow Model. Journal of Economic Growth, 15 (5): 127-153

Cao J. 2007. Measuring green productivity growth for China's manufacturing sectors: 1991-2000. Asian Economic Journal, 21 (4): 425-451

Casu B, Girardone C. 2010. Integration and efficiency convergence in EU banking markets. Omega, the International Journal of Management Science, 38 (5): 260-267

Charles J. 2002. Stochastics and statistics evaluating environmental performance using statistical process control techniques. European Journal of Operational Research, (139): 68-83

Charnes A, Cooper W W, Rhodes E. 1978. Measuring the efficiency of decision making units. European Journal of Operational Research, 2 (6): 429-444

Charter M, Clark T. 2007. Sustainable innovation: Key conclusions from sustainable innovation conferences 2003-2006. www. cfsd. org. uk/SustainableInnovation/index. html [2007-04-15]

Chavas J P. 2004. On impatience, economic growth and the environmental Kuznets Curve: A dynamic analysis of resource management. Environmental and Resource Economics, (28): 123-152

Christmann P. 2000. Effects of "best practices" of environmental management on cost competitiveness: The role of complementary assets. Academy of Management Journal, 43 (4): 663-680.

Chung Y, Färe R, Grosskopf S. 1997. Productivity and undesirable outputs: A directional distance function approach. Journal of Environmental Management, 51 (3): 229-240

Coase R H. 1960. The problem of social cost. Journal of Law and Economics, 3 (10): 1-44

Cohen M, Fenn S, Naimon J. 1995. Environmental and financial performance: Are they related? http: //www. researchgate. net/publication/251170815 _Environmental _and _Financial _Performance_Are_They_Related [1997-01-01]

Cole M A, Elliott R J R, Shimamoto K. 2006. Globalization, form-level characteristics and environmental management: A study of Japan. Ecological Economics, 59 (3): 312-323

Copeland B R, Taylor M S. 1995. Trade and environment: A partial synthesis. American Journal of Agricultural Economics, 77 (3): 765-771

Copeland B R, Taylor M S. 2004. Trade, growth and the environment. Journal of Economic Literature, 42 (1): 7-71

Corbett C J, Pan J-N. 2002. Evaluating environmental performance using statistical process control techniques. European Journal of Operational Research, 139 (1): 68-83

Dales J H. 1968. Land, water and ownership. Canadian Journal of Economics, 4 (1): 791-804

de Groot H L F, Withagen C A, Zhou M. 2004. Dynamics of China's regional development and pollution: An investigation into the Environmental Kuznets Curve. Environment and Development Economics, (9): 507-537

Demchuk P, Zelenyuk V. 2009. Testing differences in efficiency of regions within a country: The case of Ukraine. Journal of Productivity Analysis, 32 (2): 81-102

Dinda S. 2005. Theoretical basis for the Environmental Kuznets Curve. Ecological Economics, 53 (3):403-413

Dinda S, Coondoo D, Pal M. 2000. Air quality and economic growth: An empirical study. Ecological Economics, 34 (3): 409-423

Dixon-Fowler H R, Slater D J, Johnson J L, et al. 2013. Beyond "does it pay to be green?" A meta-analysis of moderators of the CEP-CFP relationship. Journal of Business Ethics, 112 (2): 353-366

Doonan J, Lanoie P, Laplante B. 2005. Determinants of environmental performance in the Canadian pulp and paper industry: An assessment from inside the industry. Ecological Economics, 55 (1): 73-84

Dowell G, Hart S, Yeung B. 2000. Do corporate global environmental standards create or destroy market value? Management Science, 46 (8): 1059-1074

Earnhart D. 2006. Factors shaping corporate environmental performance: Regulatory pressure and financial status. Presented at the association of environmental and resource economists (AERE) meetings in Boston, MA

Earnhart D, Lizal L. 2010. Effect of corporate economic performance on firm-level environmental performance in a transition economy. Environment and Resource Economics, 46 (3): 303-329

Eckel L, Fisher K, Russell G. 1992. Environmental performance measurement. CMA Magazine, 66 (2): 1-16

Färe R, Primont D. 1995. Multi-output Production and Duality: Theory and Applications. Dordrecht：Kluwer Academic Publishers

Färe R，Grosskopf S，Lovell C A K，et al. 1989. Multilateral productivity comparisons when some outputs are undesirable：A nonparametric approach. Review of Economics and Statistics，71 (1)：90-98

Färe R，Grifell-Tatjé E，Grosskopf S，et al. 1997. Biased technical change and the Malmquist productivity index. Scandinavian Journal of Economics，99 (1)：119-127

Färe R，Grosskopf S，Weber W L. 2006. Shadow prices and pollution costs in U. S. agriculture. Ecological Economics，56 (1)：89-103

Färe R，Grosskopf S，Pasurka C A. 2007. Environmental production functions and environmental directional distance functions. Energy，32 (7)：1055-1066

Finnveden G，Hauschild M Z，Ekvall T，et al. 2009. Recent developments in life cycle assessment. Journal of Environmental Management，91 (1)：1-21

Foster V，Hahn R W. 1995. Designing more efficient markets：Lessons from Los Angeles smog control. Journal of Law and Economics，38 (1)：19-48

Freeman R，Evan W. 1990. Corporate governance：A stakeholder interpretation. Journal of Behavioral Economics，19 (4)：337-359

Friedl B，Getzner M. 2003. Determinants of CO_2 emissions in a small open economy. Ecological Economics，45 (1)：133-148

Friedman M. 1970. The social responsibility of business is to increase its profits. New York Times Magazine，1970-09-13

Gallarotti G M. 1995. It pays to be green：The managerial incentive structure and environmentally sound strategies. Columbia Journal of World Business，30 (4)：38-57

Gore A. 1993. Earth in the balance：Ecology and the human spirit. New York：Penguin

Gray W，Deily M. 1996. Compliance and enforcement：Air pollution regulation in the U. S. steel industry. Journal Environmental Economics Management，31 (1)：96-111

Gray W B，Shadbegian R J. 1998. Environmental regulation，investment timing，and technology choice. The Journal of Industrial Economics，46 (2)：235-256

Gray W B，Shadbegian R J. 2005. When and why do plants comply? Paper mills in the 1980s. Law and Policy，27 (2)：238-261

Greeno J L，Robinson S N. 1992. Rethinking corporate environmental management. The Columbia Journal of World Business，314 (27)：222-233

Greer J，Bruno K. 1996. Green Wash：The Reality behind Corporate Environmentalism. New

York: Apex Press

Grossman G M, Krueger A B. 1991. Environmental impacts of a North American Free Trade Agreement. http://www.nber.org/papers/w3914 [1991-10-20]

Guinée J. 2001. Life cycle assessment—an operational guide to the ISO standards. The International Journal of Life Cycle Assessment, 7 (5): 311-313

Gunningham N, Grabosky P. 1998. Smart Regulation Designing Environmental Policy. Oxford: Clarendon Press

Hailu A, Veeman T S. 2001. Alternative methods for environmentally adjusted productivity analysis. Agricultural Economics, 25 (2/3): 211-218

Hallegatte S, Geoffrey H, Marianne F, et al. 2012. From growth to green growth—A framework. National Bureau of Economic Research, Inc, NBER Working Papers: 17841

Harkness D J. 1968. Pollution, property, and prices. Toronto: University of Toronto Press

Hart S L. 1995. A natural-resource-based view of the firm. Academy of Manage Review, 31 (2):7-18

Hart S L. 1997. Beyond greening: Strategies for a sustainable world. Harvard Business Review, 75 (1), 66-76

Heckman J J. 1976. The common structure of statistical models of truncation, sample selection and limited dependent variables and a simple estimator for such models. Annals of Economic and Social Measurement, 5 (4): 475-492

Henriques I, Sadorsky P. 1999. The relationship between environmental commitment and managerial perceptions of stakeholder importance. Academy of Management Journal, 42 (1): 87-99

Hermann B G, Kroeze C, Jawjit W. 2007. Assessing environmental performance by combining life cycle assessment, multi-criteria analysis and environmental performance indicators. Journal of Cleaner Production, 15 (18): 1787-1796

Hettige H, Dasgupta S, Wheeler D. 2000. What improves environmental compliance? evidence from Mexico industry. Journal of Environmental Economics and Management, 39 (1): 39-66

Houillon G, Jolliet O. 2005. Life cycle assessment of processes for the treatment of wastewater urban sludge: Energy and global warming analysis. Journal of Cleaner Production, 13 (3): 287-299

Huppes G, Ishikawa M. 2005. A framework for quantified eco-efficiency analysis. Journal of Industrial Ecology, 9 (4): 25-41

Huppes G, Kleijn R, Huele R, et al. 2008. Measuring Eco-innovation: Framework and typology of indicators based on causal chains. Final Report of the ECODRIVE Project. CML, University of Leiden

ISO. 1999. Environmental Performance Evaluation: Guidelines (ISO 14031) . Geneva: International Standard Organisation

Jaffe A B, Peterson S R, Portney P R, et al. 1995. Environmental regulation and the competitivenes of U. S. manufacturing: What does the evidence tell us? Journal of Economic Literature, 33 (1): 132-163

Jaffe A B, Newell R G, Stavins R N. 2002. Environmental policy and technological change. Environmental and Resource Economics, 22 (1/2): 41-69

James P. 1994. Business environmental performance measurement. Business Strategy and the Environment, 3 (2): 59-67

Jasch C. 2000. Environmental performance evaluation and indicators. Journal of Cleaner Production, 8 (1): 79-88

Jollands N. 2003. An ecological economics of eco-efficiency: Theory, interpretations and applications to New Zealand. PhD Thesis, Massey University

Jordan A, Wurzel R, Zito A. 2003. "New" Instruments of Environmental Governance? National Experiences and Prospects. London: Cass

Judge W Q, Douglas T J. 1998. Performance implications of incorporating natural environmental issues into the strategic planning process: An empirical assessment. Journal of Management Studies, 35 (2): 241-262

Kahn M. 2003. New evidence on Eastern Europe's pollution progress. Topics in Economic Analysis and Policy, 3 (1): 1-16

Kang S I, Oh J G, Kim H. 2012. Korea's low-carbon green growth strategy. OECD Development Centre Working Papers: 310

Kemp R. 2000. Technology and environmental policy: Innovation effects of past policies and suggestions for improvement//OECD. Innovation and the Environment. Paris: 35-61

Klassen R D, McLaughlin C P. 1996. The impact of environmental management on firm performance. Management Science, 42 (8): 1199-1214

Klassen R D, Whybark D C. 1999. The impact of environmental technologies on manufacturing performance. Academy of Management Journal, 42 (6): 599-615

Kortelainen M. 2008. Dynamic environmental performance analysis: A Malmquist index approach. Ecological Economics，64（4）：701-715

Kumar S. 2006. Environmentally sensitive productivity growth： A global analysis using Malmquist-Luenberger index. Ecological Economics，56（2）：280-293

Kumar S，Russell R R. 2002. Technology change，technological catch-up，and capital deepening： Relative contributions to growth and convergence. The American Economic Review，92（3）：527-548

Kuosmanen T，Kortelainen M. 2005. Measuring eco-efficiency of production with Data Envelopment Analysis. Journal of Industrial Ecology，9（4）：59-72

Kuosmanen T，Cherchye L，Sipiläinen T. 2006. The law of one price inData Envelopment Analysis： Restructuring weight flexibility across firms. European Journal of Operational Research，170（3）：735-757

Lall P，Featherstone A M，Norman D W. 2002. Productivity growth in the western hemisphere （1978-1994）： The Caribbean in perspective. Journal of Productivity Analysis，17（3）：213-231

Leipert C. 1987. A critical appraisal of Gross National Product： The measurement of net national welfare and environmental accounting. Journal of Economics Issues，21（1）：357-373

Liu C-Y，Wu C-H. 2009. Environmental conciousness，reputation and voluntary environmental investment. Australian Economic Papers，48（2）：124-137

Lopez R. 1994. The environment as a factor of production： The effects of economic growth and trade liberalization. Journal of Environmental Economics，27（2）：163-184

Lopez R，Siddhartha M. 2000. Corruption，pollution，and the Kuznets environment curve. Journal of Environmental Economics and Management，40（2）：50-137

Los B，Timmer M P. 2005. The "appropriate technology" explanation of productivity growth differentials： An empirical approach. Journal of Development Economics，77（2）：517-531

Maastricht Economic Research Institute on Innovation and Technology（MERIT）. 2008. MEI project about measuring eco-innovation： Final report，under the EU 6th Framework Programme. Maastricht：MERIT

Machiba T. 2010. Eco-innovation for enabling resource efficiency and green growth： Development of an analytical framework and preliminary analysis of industry and policy practices. International Economics and Economic Policy，7（2）：357-370

Marcus A，Geffen D. 1998. The dialectics of competency acquisition： Pollution prevention in electric generation. Strategic Management Journal，19（12）：1145

McGartland A M. 1988. A comparison of two marketable discharge permits systems. Journal of Environmental Economics and Management, 15 (1): 35-44

Mendelsohn R. 1986. Regulating heterogeneous emissions. Journal of Environmental Economics and Management, 13 (4): 301-312

Ministry of Economy, Trade and Industry, Japan (METI) . 2007. The key to innovation creation and the promotion of eco-innovation. report by the Industrial Science Technology Policy Committee, Tokyo: METI. www. meti. go. jp/press/20070706003/20070706003. html [2007-07-08]

Montgomery W D. 1972. Markets in licenses and efficient pollution control programs. Journal of Economic Theory, 5 (3): 395-418

Murty S, Russell R, 2002. On modeling pollution generating technologies. University of California-Riverside, Working Paper Series, No. 2002-14. h

Neha K. 2002. The income elasticity of non-point source air pollutants: Revisiting the environmental Kuznets. Economics Letters, 77 (3) : 387-439

Nehrt C. 1996. Timing and intensity effects of environmental investments. Strategic Management Journal, 17 (7): 535-547

North D C, Thomas R P. 1972. The rise of the western world: A new economic history. Cambridge: Cambridge University Press

OECD. 2008. Environmental innovation and global markets, report for the working party on global and structural policies. ENV/EPOC/GSP (2007) 2/FINAL. Paris

OECD. 2009. Environmental Cross-compliance in Agriculture. Paris

OECD. 2010a. Interim report of the green growth strategy: Implementing our commitment for a sustainable future. Presented in the Meeting of the OECD Council at Ministerial Level, 27-28, May, 2010, Paris

OECD. 2010b. OECD Economic Survey of Korea. Paris: OECD

OECD. 2011. Towards green growth: A summary for policy makers. Prepared for the OECD Meeting of the Council at Ministerial Level, 25-26, May, 2011, Paris

OECD, Statistical Office of the European Communities (Eurostat) . 2005. Oslo Manual: Guidelines for Collecting and Interpreting Innovation Data. 3rd ed. Paris: OECD

Oh D H. 2010. A metafrontier approach for measuring an environmentally sensitive productivity growth index. Energy Economics, 32 (1): 146-157

Oh D H, Heshmati A. 2010. A sequential Malmquist-Luenberger productivity index: Environmentally sensitive productivity growth considering the progressive nature of technology. Energy Economics, 32 (6): 1345-1355

Olsthoorn X, Tyteca D, Wehrmeyer W, et al. 2001. Environmental indicators for business: A review of the literature and standardization methods. Journal of Cleaner Production, 9 (1): 453-463

Oosterhuis F, Ten Brink P. 2006. Assessing innovation dynamics induced by environment policy: Findings from literature and analytical framework for the case studies. The Institute for Environmental Studies (IVM), Vrije Universiteit, Amsterdam

Orlitzky M, Schmidt F, Rynes S. 2003. Corporate social and financial performance: A meta-analysis. Organization Studies, 24 (3): 403-441

Panayotou T. 1993. Empirical tests and policy analysis of environmental degradation at different stages of economic development. International Labour Office, Technology and Employment Programme, Working Paper, 1993, No. 238

Pigou A C. 1920. The Economics of Welfare. London, U. K.: MacMillan

Pittman R W. 1983. Multilateral productivity comparisons with undesirable outputs. Economic Journal, 93 (4): 883-891

Porter M. 1991. America's green strategy. Scientific American, 264 (4): 1-5

Porter M, van der Linde C. 1995. Toward a new conception of the environment-competitiveness relationship. Journal of Economic Perspective, 9 (4): 97-118

Qi S. 2005. Efficiency, productivity, national accounts and economic growth: A green view theory, methodology and application. Dissertation for Ph. D, University of Minnesota

Quah D. 1996. Empirics for economic growth and convergence. European Economic Review, 40: 1353-1376

Rabl A, Holland M. 2008. Environmental assessment framework for policy applications: Life cycle assessment, external costs and multi-criteria analysis. Journal of Environmental Planning and Management, 51 (1): 81-105

Ramos T B, Alves I, Subtil R, et al. 2009. The state of environmental performance evaluation in the public sector: The case of the Portuguese defence sector. Journal of Cleaner Production, 17 (1): 36-52

Reid A, Miedzinski M. 2008. Eco-innovation: Final Report for Sectoral Innovation Watch. Belgium: Technopolis Group

Reilly J. 2012. Green growth and the efficient use of natural resources. Energy Economics,

34 (13):85-93

Reinhard S, Thijssen G. 2000. Nitrogen efficiency of Dutch dairy farms: A shadow cost system approach. European Review of Agricultural Economics, 27 (2): 167-186

Rennings K. 2000. Redefining innovation: Eco-innovation research and the contribution from ecological economics. Journal of Ecological Economics, 32 (2): 319-332

Repetto R, Rotham D, Faeth P, et al. 1996. Has Environmental Protection Really Reduced Productivity Growth? We need unbiased measures. Washington D. C. : World Resource Institute

Requate T. 2005. Dynamic incentives by environmental policy instruments—A survey. Ecological Economics, 54 (2/3): 175-195

Richmond A K, Kaufmann R K. 2006. Is there a turning point in the relationship between income and energy use and/or carbon emissions? Ecological Economics, 56 (2): 176-189

Russo M V, Fouts P A. 1997. A resource-based perspective on corporate environmental performance and profitability. Academy of Management Journal, 40 (3): 534-559

Schaltegger S, Sturm A. 1990. Ökologische rationalität: Ansatzpunkte zur ausgestaltung you okologieorienttierten management instrumenten. Die Unternehmung, (4): 273-290

Schmalensee R. 2012. From "green growth" to sound policies: An overview. Energy Economics, 34 (13): 52-56

Schmidheiny S, Zorraquin F J L. 1996. Financing Charge, the Financial Community, Eco-efficiency and Sustainable Development. Cambridge, MA: MIT Press

Selden T M, Song D. 1994. Environmental quality and development: Is there a Kuznets curve for air pollution? Journal of Environmental Economics and Management, 27 (2): 147-162

Shadbegian R, Gray W. 2005. Assessing multi-dimensional performance: Environmental and economic outcomes. Center for Economic Studies, U. S. Census Bureau, Working Papers, 1-32

Sharma S. 2000. Managerial interpretations and organizational context as predictors of corporate choice of environmental strategy. Academy of Management Journal, 43 (4): 681-697

Sharma S, Vredenburg H. 1998. Proactive corporate environmental strategy and the development of competitively valuable organizational capabilities. Strategic Management Journal, 19 (8): 729-753

Shrivastava P. 1995. Environmental technologies and competitive advantage. Strategic Management Journal, 16 (2): 183-200

Smulders S, Gradus R. 1996. Pollution abatement and long-term growth. European Journal of Political Economy, 12 (3): 505-532

Solow R M. 1957. Technical change and the aggregate production function. Review of Economics and Statistics, 39 (3): 312-320

Spicer B. 1978. Investors, corporate social performance and information disclosure: An empirical study. Accounting Review, 53 (1): 94-111

Starik M, Marcus A A. 2000. Introduction to the special research forum on the management of organizations in the natural environmental. Academy of Management Journal, 43 (4): 539-546

Stokey N L. 1998. Are there limits to growth? International Economic Review, 39 (1): 1-31

Suárez C, de Jorge J. 2010. Efficiency convergence processes and effects of regulation in the non-specialized retail sector in Spain. Annals of Regional Science, 44 (3): 573-597

Talukdar D, Meisner C. 2001. Does the private sector help or hurt the environment? Evidence from carbon dioxide pollution in developing countries. World Development, 29 (5): 827-840

Tobin J. 1958. Estimation of relationships for limited dependent variables. Econometrica, 26 (1): 24-36

Torras M, Boyce J K. 1998. Income, inequality, and pollution: A reassessment of the environmental Kuznets curve. Ecological Economics, 25 (2): 147-160

Turban D, Greening D. 1997. Corporate social performance and organizational attractiveness to prospective employees. Academy of Management Journal, 40 (3): 658-672

Tyteca D. 1996. On the measurement of the environmental performance of firms: A literature review and a productive efficiency perspective. Journal of Environmental Management, 46 (3): 281-308

Tyteca D. 1997. Linear programming models for the measurement of environmental performance of firms-concepts and empirical analysis. Journal of Productivity Analysis, 8 (2): 183-197

Tyteca D, Carlens J, Berkhout F, et al. 2002. Corporate environmental performance evaluation: Evidence from the MEPI project. Business Strategy and the Environment, 11 (1): 1-13

UNEP. 2011. Modeling Global Green Investment Scenarios. New York: United Nations

van den Berg N W, Dutilh CE, Huppes G. 1995. Beginning LCA: A Guide to Environmental Life Cycle Assessment. Leiden: Centre of Environmental Science

Verfaillie H A, Bidwell R. 2000. Measuring eco-efficiency: A guide to reporting company performance. Geneva: World Business Council for Sustainable Development

Volk T L, Hungerford H R, Tomera AN. 1984. A national survey of curriculum needs as perceived by professional environmental educators. Journal of Environmental Education, 16 (1): 10-19

Walley N, Whitehead B. 1994. It's not easy being green. Harvard Business Review, 72 (3): 46-52

Weill L. 2009. Convergence in banking efficiency across European countries. Journal of International Financial Markets, Institutions and Money, 19 (5): 818-833

Wessells C, Johnston R J, Donath H. 1999. Assessing consumer preferences for ecolabeled seafood: The influence of species, certifier, and household attributes. American Journal of Agricultural Economics, 81 (5): 1084-1089

White M. 1996. Corporate environmental performance and shareholder value. Working paper, University of Virginia, Charlottesville, VA

World Bank. 2011a. Moving to a green growth approach to development. http://web. worldbank. org/ [2011-12-30]

World Bank. 2011b. The Changing Wealth of Nations: Measuring Sustainable Development in the New Millennium. Washington D. C. : The World Bank

World Commission on Environment and Development. 1987. Our Common Future. Oxford: Oxford University Press

Wu Y. 2007. Analysis of environmental efficiency in China's regional economies. Paper prepared for presentation at the 6th International Conference on the Chinese Economy

Zhang T. 2008. Environmental performance in China's agricultural sector : A case study in corn production. Applied Economics Letters, 15 (7-9): 641-645

Zhou P, Ang B W, Poh K L. 2008. Measuring environmental performance under different environmental DEA technologies. Energy Economics, 30 (1): 1-14

Zopounidis C, Doumpos M. 2002. Multicriteria classification and sorting methods: A literature review. European Journal of Operational Research, 138 (2): 229-246

后　记

　　改革开放 30 多年来，中国经历了快速经济增长，创造了连续多年超高速增长的世界奇迹。与此同时，水土流失、水域污染、空气污染、土地沙漠化等一系列生态环境问题也不断浮出水面。与发达国家相比，我国经济发展水平相对落后，工业化进程远未结束，经济增长仍然是当前及今后一段时期内必须强力推进的重要任务。如何探索一条兼顾经济效益和环境生态效益的可持续发展之路，是摆在全国人民面前的历史难题，这也是笔者多年来长期关注的主要领域之一。然而，限于水平有限和动力不足，笔者迟迟未能就此进行专门研究。2010 年以来，笔者在可持续发展研究领域先后成功牵头申报了国家自然科学基金项目、教育部人文社会科学研究项目、重庆市社会科学规划项目等多项国家级和省部级科研项目，这鼓舞和坚定了笔者对经济可持续发展领域的研究勇气和信心，并着手进行一些专题研究。

　　长江上游地区承东启西、贯通南北，位居要塞，肩负着引领西部广大欠发达地区实现经济大发展的重要使命，同时又是长江流域的上游生态屏障区，肩负着整个长江流域的生态环境安全重任。然而，该地区经济社会发展总体水平不高，部分地区甚至还未进入经济起飞阶段，而且还存在地质灾害频发、水土流失严重、水体污染事件时有发生等生态环境问题。显然，无论是从自身发展角度而言，还是从历史使命来看，长江上游地区都需要快速推进工业化，并加大生态治理和环境保护力度，为长江中下游地区乃至全国的经济社会可持续发展做出应有贡献。纵览相关文献，鲜有研究从经济学视角出发，对长江上游地区的环境绩效进行专门探讨，而这显然是一件非常有理论意义和实践价值的工作，本书正是立足于此的一项尝试性研究成果。

　　作为一项评价长江上游地区工业环境绩效并探讨其优化路径的尝试性研究，

本书在研究方法、研究思路、经验分析及对策建议等方面，都进行了一些探索，丰富了环境绩效评价及优化相关领域研究，具有抛砖引玉的作用，提出的对策建议还可为中国各级政府和企事业单位提供决策参考。然而，环境绩效评价及优化研究是一项系统性工程，既涉及经济、环境、资源、人口、社会等多个子系统，又牵涉经济学、管理学、环境科学、资源科学、心理学、社会学、统计学等多个学科领域。本书作为该领域的一项尝试性研究成果，还有许多问题未能深入探索，这些问题都值得进一步研究。我们认为，至少下述这些问题是值得后续深入研究的：一是采用更长时间跨度和接近同质的分析样本（如企业）进行经验研究；二是深入探讨生态效率趋同（或趋异）的各种影响因素；三是对环境绩效优化中的溢出效应、影响因素和成本与收益进行理论和经验研究；四是合理评估环境绩效优化的各种政策工具等。

　　本书是集体劳动的成果，由杨文举统筹安排和修改定稿，各章节分工如下。第二章由陈婷婷负责，涂良军（重庆工商大学硕士研究生）参与撰写第二节。第六和第七章由龙睿赟负责，陈婷婷参与撰写第六章第三节，欧阳婉桦（江西科技学院教师）参与撰写第七章第三节和第五节，涂良军、胡晓亚和喻柯可（重庆工商大学硕士研究生）参与撰写第六章第二节、第七章第二节。其余部分由杨文举负责，龙睿赟参与撰写第五章第三节。另外，孙红宇、邸苗苗两位硕士研究生参加了文字校对工作。

　　本书的写作和出版获得教育部人文社会科学重点研究基地重大项目（10JJD790028）、国家自然科学基金青年项目（71103214）和重庆工商大学长江上游经济研究中心招标项目（CJSYI-201406）的资助，得到了重庆工商大学长江上游经济研究中心常务副主任文传浩等领导的大力支持，以及科学出版社编辑的鼎力相助，在此一并表示感谢！

杨文举

2015 年 10 月

"长江上游地区经济丛书"已出版书目

《长江上游地区自然资源环境与主体功能区划分》　　　定价：58.00 元

《流域生态产业初探——以乌江为例》　　　　　　　定价：52.00 元

《西部民族地区生态文明建设模式研究》　　　　　　定价：78.00 元

《长江上游地区经济一体化研究》　　　　　　　　　定价：68.00 元

《三峡库区第三产业可持续发展与城镇功能恢复重建》　定价：95.00 元

《长江上游地区工业环境绩效评价及优化》　　　　　定价：65.00 元